EZ LEARN

▸ 50則非知不可的地球科學概念

50 Earth Ideas

you really need to know

馬丁．雷德馮（Martin Redfern）★ 著
荷莉 ★ 譯

目錄

前言

我們身在一個美妙的星球上。如果肯花時間停下來觀察，驚嘆其美麗，敬畏其威嚴，並感謝其帶給我們的禮物，就會發現我們是多麼的幸運！但是我們都太忙了，我們在地表上汲汲營營的生活著，忽略了重要的兩個軸向：往地底下數千公里的深度軸，及關於數億年的歷史和未來的時間軸。在本書中，我希望能探究那些被我們遺忘的維度。

低頭看看你的腳下，不僅是看著熟悉的地面和地表的岩石而已，而是看穿岩石直到更深之處。若往地底下探索，就連每天上班、上學途經的短短數公里距離，都已是無人曾駐足之地，溫度和壓力已大到我們無法想像。若往下深入 5500 公里，接近大西洋航班的距離，你會發現自己處於熔融金屬的白熾世界。我們的腳下可不只是一塊死氣沉沉的石塊而已，它是一顆充滿活力的星球！當大陸漂移，火山爆發，巨大的深層地函緩慢流動時，堅硬的岩盤移動著。

不只是地表深處，連在地表上方的力量也會對岩石造成影響，水，空氣和生命持續不斷與地球交互作用。沒有海洋，我們將沒有所知的大陸；沒有生命，就沒有我們賴以維生的大氣與氧氣。地球的自然循環已經支持了數十億年的生命，但我們正如走鋼索般，不斷干涉著這個循環。

透過時間軸的更迭，是了解地球如何運作的另一個面向。不只是探討一頓午餐的時間或是一生的時間那麼短——而是長達數百萬、數十億年。我們的思維方式必須徹底改變，但如果要了解我們的家，我們責無旁貸。一旦我們改變了思考，就能開始意識到滴水亦能穿石的道理，日復一日的緩慢進程，可以建立或夷平山脈，開闢海洋、分開大地；可以創造新物種，也可以使牠們滅絕。人類的存在短到幾乎沒有在地球的時間線上被記錄下來，但我們已經將這個星球搞得面目全非了。

若人類能更深切的理解地球，或許我們將願意善待它。

01 地球的誕生

我們都是由星塵組成的。137億年前，在大霹靂（Big Bang）中產生的原始氫（Hydrogen，H）和氦（Helium，He），在幾代恆星中心的核融合爐中反應，最終產生組成我們身體的碳（Carbon，C）、氧（Oxygen，O）和氮（Nitrogen，N），以及構成地球的矽（Silicon，Si）、鋁（Aluminum，Al）、鎂（Magnesium，Mg）、鐵（Ferrum，Fe）和所有其他元素。

星塵的記憶

恆星在生命的盡頭失去了外殼層，巨大的恆星無法再支撐自身重量而塌縮，引發超新星爆炸，將灰燼散落在巨大的塵埃雲和分子雲中。漸漸的，我們的太陽系在塵埃雲中誕生了。你體內的每一個分子，都含有恆星爆炸時合成的元素；手上的戒指中，每一個金原子都是在超新星爆炸中被創造出來的。

古老隕石中存在的短週期放射性同位素衰變產物表明，這些元素起源於太陽系形成之前不久的一起超新星爆炸事件。實際上，可能是這樣的爆炸，引發了太陽系星雲的最初凝聚。

吸積（accretion）

當氣體和塵埃被吸引到恆星形成區的中心時，緩和旋轉的星雲中的角動量會使星雲分子攤平成圓盤狀。在過去很長一段時間裡，這僅是理論推測，但現在功能強大的望遠鏡，可以看到吸積現象發生在其他初始恆星雲中，如恆星老人增四（Beta Pictoris，位於繪架座）可觀測到清

時間線

46 億年	45.67 億年	45.4 億年	45.27 億年
可能的超新星爆炸，導致太陽系星雲開始塌縮	太陽系中的第一顆固體，隕石球粒形成的時期	原始地球已夠大，較重物質在熔化時分離並沉降至核心	月球形成

摘下一顆流星！*

在年輕的太陽星雲中形成的第一批固體顆粒，是隕石球粒（chondrules）。這些由矽酸鹽所構成的岩石顆粒大致呈球形，直徑從幾分之一公釐到一公分不等。這些球粒是透過矽酸鹽粉塵被加熱至約 1500℃（可能來自新形成的太陽或放射線產生的能量），形成熔融液滴後再凝固生成。它們佔目前在地球上被發現隕石的 80%，並且可以精確估計其年齡約爲 45.67 億年（±50 萬年），是太陽系中最古老的物體。

譯註：Catching a falling star 為美國一首家喻戶曉的歌曲，由派瑞・柯莫（Perry Como）所演唱，並被演繹為多種版本。

晰的圓盤狀星雲、星塵及岩石顆粒，圍繞著中心旋轉。透過數千個對系外行星（exoplanet）的觀察，表明行星經常同時伴隨著恆星的形成而誕生。

一般普遍認爲，太陽系中的行星是透過吸積的過程建立起來的，小的岩石顆粒相互碰撞並最終聚集在一起。這過程的第一階段是最難理解的，因爲將小顆粒聚在一起只會產生微小的重力，而碰撞會再次破壞它們。可能的方式是，高密度小顆粒群的行爲接近動態的流體，凝聚在一起並且偶爾能獲得足夠的能量以「飛濺」出來，而如果顆粒的相對速度夠慢，它們又會開始黏聚。一旦顆粒整體直徑達到數公尺大小，則重力作用將接手，將越來越多的物質凝聚在一起。

重元素沉降

重力的作用、放射性衰變的熱量和碰撞衝擊釋放的能量，會導致岩石融化，最終使鐵和鎳等重元素沉降，形成一個大致爲球體，直徑約爲數十至數百公里的金屬核心。這星體將繼續清除剩餘的灰塵和較大的碎

44.2 億年	44.04 億年	42.8 億年	38.5 億年
從阿波羅計畫的月球樣品中發現最古老的礦物顆粒	地球上最古老的礦物顆粒。最早的水存在的證據	地球上最古老的岩石，在加拿大的哈德遜灣被發現，可能來自深海	格陵蘭島發現最古老的沉積岩年齡

片，形成數量較少的原行星（protoplanets）。這些原行星之間的碰撞較不頻繁，但規模大得多了。

來自太陽的風

太陽的誕生可能只花了大約一萬年。當足夠的物質被壓縮在一起，即達到了啟動核融合反應的條件，和使太陽發光所需的溫度。強烈的太陽風吹過新生的太陽系，這波太陽風會吹走地球上所有早期形成的氫氣和氦氣，僅留下不被動搖的岩石成分。大部分的氣體會在較遠處聚集，形成巨大的氣體行星，如木星（Jupiter）和土星（Saturn）。而揮發性的物質，如甲烷和水等，則在離太陽更遠的地方凝聚，形成外太陽系的冰行星，如冥王星（Pluto）等矮行星（dwarf planets）、冰質衛星、庫伯帶天體（Kuiper belt objects）和彗星（comets）。

恆星煉金術

恆星本身是個大熔爐。像氫彈一樣，它們將宇宙中最豐富的元素，氫和氦，融合爲更重的元素，並在此過程中釋放出足以使恆星發光的巨大能量。普通大小的恆星製造生命必須的元素——包括碳、氮、氧，以及構成地球大部分的元素——如鈉（Sodium，Na）、鉀（Potassium，K）、鈣（Calcium，Ca）、鋁和矽。隨著恆星的老化，這些元素被帶入太空。有些恆星產生的碳很多，使它們被煙塵的雲包圍著。這條重元素序列中的終點是鐵，形成任何更重的元素都需要吸收能量。因此，當一顆巨星的中心轉而合成鐵時，核融合反應就會停止，這顆恆星將再也無法支撐它的巨大質量而塌縮，引發一場驚天動地的爆炸，將恆星炸開並創造出最重至鈾（Uranium，U）的各式各樣重元素。

新星球的誕生

我們的年輕地球繼續增長，內部可能大部分是熔融的，鐵質地核被原始的矽酸鹽地殼所包圍。一旦增長到目前質量的 40%，地球自身的重力將有助於保持大氣層；而從地核旋轉產生的磁場，可能偏轉了來自太陽的粒子，起了保護的作用。初始的地球大氣，主要由氮氣、二氧化碳和水蒸氣所組成。

在接下來幾章中，我們可以看到吸積作用繼續進行，並最終形成了月球。隨著新生地球的冷卻，表面可能已存在液態水。一些水蒸氣可能是來自火山噴發的氣體，但絕大部分是隨著冰冷的彗星落到地球上，或來自流星及小行星。吸積作用直到今天仍在進行。若你在一個晴朗的夜晚出門，你可能會看到美麗的流星，每顆流星都不及一粒沙子或米粒大，它們在通過大氣層時燃燒，但最終會進入地球。每年落下的流星總重量在 4 萬到 7 萬噸之間，地球誕生的過程仍在進行著。

濃縮想法
行星透過吸積作用增長

02 月球

當新地球剛誕生不到兩千萬年時，遭遇了一場毀滅性的災難，一顆火星大小的行星，以約五萬公里的時速與地球相撞了！巨大的撞擊威力熔化了地球，但也給了我們一個穩定季節，開啟生命之路的伴侶：月球。

一直以來，人們對月球的起源有許多猜測。在大陸漂移理論被接受之前，一些人甚至推測月球是以某種方式，從現在太平洋所處的位置分離出來的。而有些人更認爲，月球是與地球一起透過吸積作用形成的，或猜測月球是在其他地方形成，並被地球引力所捕獲。但這些解釋都沒有完全符合我們對月球軌道的了解。

一個模子出來的

這個問題的答案，一直到阿波羅計畫的太空人們從月球帶回岩石樣品後，才漸漸有了眉目。月球岩石的成分與地球上的玄武岩（basalt），以及地函成分非常相似，它們是由是由同樣的成分組成的。

現在，在電腦模擬的幫助下，科學家們已經明白過去曾發生過什麼事。一顆原行星在地球軌道前方或後方的拉格朗日點（Lagrangian point）形成，與地球和與太陽的距離相等。如果它同樣由恆星雲中的物質所形成，那它與地球就會具有相同的成分。隨著它逐漸增大，軌道變得不穩定，並最終與地球發生碰撞。它被命名爲忒伊亞（Theia），在希臘神話中，是月之女神塞琳（Seline）的母親。

時間線

45.27 億年	44.2 億年	43.6 億年
可能發生形成月球的大碰撞	最老的月球礦物顆粒	最老的月岩樣品

大碰撞

在撞擊前幾天，忒伊亞出現在原始地球的天空中，以每秒 16 公里的速度接近地球，越來越近。最後，災難驟然發生，幾秒鐘之內，超音速狂風就剝去了地球的大氣層。在撞擊後，大部分忒伊亞的地函以及部分地球的地函，汽化並被拋入太空。忒伊亞的緻密鐵核心繼續繞著地球轉，並引發第二次撞擊，將兩個星球的核心融合在一起。最後，忒伊亞剩餘的物質掃入太空，後面拖著一道鐵核的熔岩。這整個過程不到二十四小時。若從安全的距離看，一定是個壯觀到難以置信的景象。

漸漸地，大部分物質都落回地球，但是在地球赤道周圍的灼熱火環中，仍有足夠的物質留在軌道上。當物質冷卻時會凝結成顆粒，並在一段時間後形成月球。如果這些岩石是在眞空中從矽酸鹽蒸汽中所凝結出來，就可以解釋月球岩石的成分爲何會與地函如此相似。

舒梅克 EUGENE SHOEMAKER，1928-1997

舒梅克是一位有遠見的月球地質學家。他研究了亞利桑那州的隕石坑，並以此來證明月球上的大多數坑洞都是由隕石撞擊造成的，而不是火山活動。他原希望自己成爲一名太空人，但因健康因素被取消資格。儘管如此，他仍在選擇阿波羅任務登陸地點，和訓練太空人方面發揮了長才。在一次車禍中去世後，在 1999 年，他的一些骨灰被送上了月球並安置在那裡。

第二個月球

並非所有被噴出的物質都迅速聚集爲同一個月球。在同一時間裡，形成了直徑大約 1000 公里的第二個月球，繼續繞地球運行了數百萬年，最後相對溫和的與月球融合。如果融合發生在月球的背面，就可以

41-39 億年	36 億年	31 億年
重轟炸期產生月面盆地	月球核心冷卻。月球磁場停止	月面盆地最後的大噴發，形成大量玄武岩

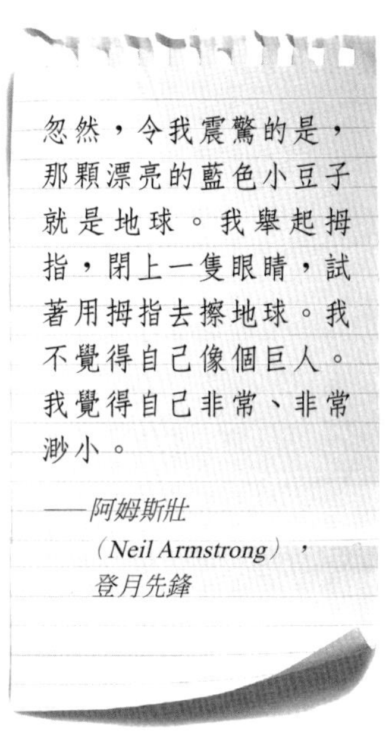

解釋爲什麼背面的月殼比正面厚了約 50 公里，以及爲什麼月球正面及背面的成分略有差異。

隨著月球的外殼開始凝固，一些元素被留在地殼和地函之間的熔融物質中。包括大量的鉀、稀土元素和磷（phosphorus, P），以上數種元素被合稱爲 KREEP，這些熔融物質是富含 KREEP 的岩漿。若另一個小月球從月球背面撞擊，則碰撞會將岩漿全擠到另一面，導致月球正面的 KREEP 含量特別高。

短暫的日子，輝煌的夜晚

忒伊亞對地球的撞擊，使地球旋轉得更快。碰撞後的一天長度約只有五個小時，從那以後，一天穩定地慢慢變長。新生的月球也比現在更接近地球，看起來大約是現在的 15 倍大——這可是很壯觀的景象，前提是你有辦法站在灼熱的岩漿地表上看著天空。月球帶來的潮汐效應遠遠超過今日，儘管當時並沒有海洋，但是在地表下的熔融岩漿，仍會受到巨大潮汐力影響，導致每次月球從頭頂經過時，都可能增加火山活動。

從那以後，隨著潮汐效應減少其動能，月球逐漸變得越來越遠。數

水的探勘

在阿波羅計劃之後，月球探測消停了很長一段時間。但最近往月球發射了一些無人飛船，它們的首要任務之一就是尋找水源。探測器在月球兩極找到豐富的氫氣，並表明這些水可能以水冰形式隱藏在隕石坑的陰影中。2009 年，美國 LCROSS 探測船撞向月球南極附近的一個隕石坑，產生了一股噴射物，雖然沒有預期的那麼壯觀，卻含有大約 155 公斤的細小水冰晶。而印度的月船一號（Chandrayaan 1）探測船，使用雷達探測北極附近地表下的冰。這些發現或許很重要，因爲這些冰可以爲未來的任務提供火箭燃料，也可以爲定居者供水。

百萬年後，潮汐力鎖定了月球，使得月面的一側始終朝向地球。使用阿波羅計畫中，太空人留在月球上的反射儀進行的雷射測距表明，今天月球仍然以每年 3.8 公分的速度遠離我們。

毀滅者及保護者

在災難性的碰撞之前，原始生命可能已經在地球上萌芽。如果眞是這樣的話，那這些原始生命恐怕已經被完全消滅了，生命的重啟動，必須等待漫長的時日，直到火山爆發結束，以及從落下的冰彗星補充地球的大氣和海洋之後了，但等待是值得的。如果沒有月球，不僅會缺少潮汐，而且地球的旋轉軸也將不穩定，她可能會以不規則的間隔翻轉，或者其中一個極點面向太陽，並將一半的世界留在黑暗中。另外，我們也會失去夜空中最美麗的景色。

濃縮想法
星際碰撞

03 地獄

在誕生後的7億年之間，地球並不是一個令人愉悅的地方。此段時間稱為冥古宙（Hadean eon），以冥王黑帝斯（Hades）或地獄命名。這是一個遭受小行星連番轟炸和持續的火山爆發的可怕時期。彼時，地球的表面都是熔化的岩漿；大氣層全被剝離，海洋蒸發。然而，這也是我們所知的世界的開端。

月球簡史

在約 40 億年前，年輕的太陽系仍然是一個危險的地方。隨著較小的物體合併，撞擊變得不那麼頻繁，但更加暴力。這是一個稱爲晚期重轟炸期（late heavy bombardment）的事件，持續到約 38.5 億年前。這種轟擊的痕跡早已從地球表面消失得一乾二淨，但在月球上仍然清晰可見。

正是這些猛烈撞擊，造成了今天在月球表面看到的黑暗斑塊。這些是月海（luna seas，或稱爲 Maria）。沒有船隻曾在這些海上航行過，但它們確實曾經是流動的 —— 流動的熔岩。這些海洋是由大量的玄武岩漿噴發，流入轟炸產生的巨大盆地中所造成的。月海提供了一個相對平坦的表面，首次登月的阿波羅登陸艇就是降落在其上。他們取回的樣本是地球年齡等級的古老。即使是從月海的熔岩流中形成的最年輕的月球岩石，也仍然有 31 億年的歷史。在乾燥，沒有大氣的月球表面所保留的地質特徵，遠遠超過在地球上所保留的。

時間線

44.5 億年	44.04 億年	42.8 億年
地殼開始凝固	已定年最古老的礦物顆粒	努夫亞吉圖克綠岩帶的可能年齡

第一塊岩石？

一旦在加拿大魁北克省北部，哈德遜灣（Hudson Bay）東岸的偏遠苔原雪融時，就很容易看到岩石露頭。其中的一些非常古老。來自麥吉爾大學的法蘭西斯（Don Francis）和歐尼爾（Jonathan O'Neill）希望在努夫亞吉圖克（Nuvvuagittuq）綠岩帶中找到 38 億年前的岩石。但是，當卡內基研究所的科學家應用最新的定年技術時，得到的年齡數據竟高達 42.8 億年！這些是迄今爲止最古老的岩石，可追溯到冥古宙時期。這些露頭大部分是早期火山變質岩，但竟也有鐵質層積岩的存在——這些岩層在海底熱泉附近產生，一般需要活細菌的作用。

遠古地表

月海周圍較淺的區域，和月球的大部分其他地區（月球高地），有一些月球上最古老的岩石，甚至比地球上任何一塊都要古老。其中許多已經被後來的撞擊破壞和改變，但其中仍然存有一些白色岩石的區域，是月球原始地殼的殘餘。阿波羅 15 號的太空人發現了一塊被名爲「創世紀」（Genesis）的石頭。是由斜長岩（anorthosite）組成，從熔融岩漿中生長的晶體所形成。但定年結果卻只有 41 億年，比預期的要年輕。阿波羅 16 號所帶回的樣本年齡爲 43.6 億年，但對於最古老的月球地殼來說，這個數字也比預期的要年輕。目前所知月球上最古老的礦物顆粒是 44.2 億年前的鋯石（zircon）晶體。

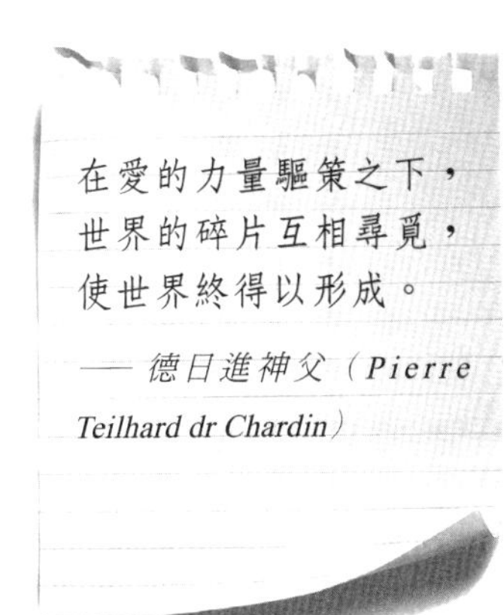

來自天堂的財富

儘管晚期重轟炸期時在地球上產生的撞擊隕石坑，現在早已消失，但這些撞擊所的遺留的化學特性仍然存

40.31 億年
阿卡斯塔片麻岩的年齡

38 億年
晚期重轟炸期結束，冥古宙結束

火星大小的忒伊亞墜入年輕的地球，汽化了一團形成月球的岩石。

在。當地球的金屬鐵核心分離出來時，大部分重金屬熔解在鐵核中——其中包括金（Gold，Au），鉑（Platinum，Pt）和鎢（tungsten，W）。很剛好的，鎢有兩種穩定同位素：鎢-184和鎢-182。核心的沉降將幾乎所有的鎢從地函中移除，從那之後，地表鎢唯一來源就是稱爲鉿（hafnium，Hf）的放射性元素衰變，但這過程只會產生鎢-182。地球上最古老的岩石確實富含鎢-182。但是所有後來的岩石都含有更多的鎢-184，這代表它們必須來自晚期重轟炸期中，外太空的隕石。若非如此，那今天所開採的鎢礦應該會與金或鉑礦一起出現。

第一個大陸？

在加拿大西北領地的黃刀鎮（Yellowknife）以北，乘坐水上飛機飛行三個小時，將帶你前往一個名爲阿卡斯塔（Akasta）的地區。在這裡，人類活動的唯一標誌是地質學家存放工具的圓形鐵皮屋。門上方是一個標誌：*阿卡斯塔市政廳*，已成立40.3億年。在發現努夫亞吉圖克的綠岩帶之前，這裡曾被認爲是地球上最古老的地方。這些最古老的岩石只保留了極少部分，其餘的已隨著一個已消失的大陸地殼一起隱沒，埋進深深的地層之下了。

最古老的礦物

在地表上，很少東西能從冥古宙保留下來，而那些難得留存的岩石，開玩笑的說，早已被搞得「面目全非」（fubaritic*）了！一個例外是鋯石礦物。雖然通常只發現如沙粒的大小的微小晶體，但鋯石卻可在周圍岩石反覆熔化中存續，並保存其最初形成的狀態。目前發現最古

譯註：原句為「Fouled up beyond all recognition」，指被搞亂到完全認不出來了，取其字首變成「FUBAR」一名詞，此處為形容詞。

老的鋯石，來自澳洲西部傑克山（Jack Hills），由30億年歷史的礦物顆粒與鵝卵石結合，其中晶體的核心已有44億年歷史。還有一些線索來自晶體中氧同位素的比例，指明這些礦物是在液態水中形成的，因此科學家推測，當時地球上至少有些地方足夠涼爽，使水可以在那裡凝結。

濃縮想法
重轟炸期

04 定年競賽

人們對岩石或化石的首要問題之一是「它有多老？」在上個世紀中葉以前，沒有人確切知道答案。但今天有非常準確的技術可用來定年岩石，甚至可以描繪出終極年齡——地球本身的年齡。

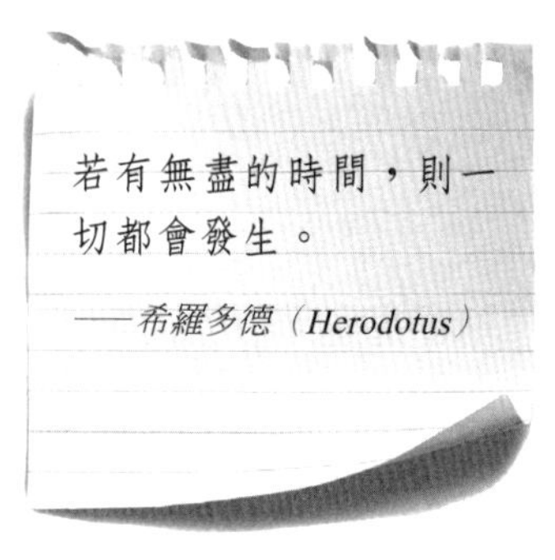

聖經定年

幾個世紀以來，人們一直試圖確定地球的年齡，但早期的嘗試是透過神學而不是科學。1654 年，全愛爾蘭天主教會大主教烏瑟（James Ussher），根據對聖經記載的詳細分析，透過幾代先知回推到亞當時期，發表了一項估計。他算出地球誕生的日期是西元前 4004 年的 10 月 22 日晚上六點！

科學推測

到了 19 世紀中期，地質學家和生物學家意識到，若地質或生物學上的所有事件都曾發生過，則地球年齡必定遠超過 6000 年。有些人觀察了河流沉積的速率，並藉沉積岩的總深度推斷計算地球年齡；其他人則研究了海洋的鹽度，以及鹽類從河流中流入大海的速度。著名的物理學家克耳文勳爵（Lord Kelvin*）認爲地球在剛形成時是熔化的，並計算出它冷卻的速度，得到了 9800 萬年的數字，但就算其估計跨度在 2

* 譯註：威廉．湯姆森，第一代克耳文男爵（William Thomson, 1st Baron Kelvin），即克耳文勳爵（Lord Kelvin）。

時間線　常用於定年的同位素半衰期

碳 -14	鈾 -235	鈾 -238	釷 -232
5730 年	7.04 億年	44.69 億年	140.10 億年

霍姆斯 ARTHUR HOLMES，1890-1965

如果說有人能被稱作是定年競賽中的佼佼者，那就非霍姆斯莫屬了。在其他人放棄的時候，他仍堅持放射性定年法。還是在放射性元素的半衰期還未明瞭，甚至在質譜儀發明之前，當時沒有人意識到不同同位素間的重要性。霍姆斯使用艱難的古典化學（又稱濕化學 wet chemistry，指在水溶液狀態下進行的化學）來確定岩石中微量元素的豐度。然而，他對主要地質時期的推估都非常準確。1913 年，他出版了一本名爲*地球的年齡*（*The Age of the Earth*）的手冊，並估計地球的年齡約爲 16 億年。但他後來參考隕石年齡後修改了這個數字，先是 35 億年，然後改爲 45 億年——這是今天被普遍接受的數字。

千萬到 4 億年之間，也已邁出一大步了。

放射性時鐘

1902 年，拉塞福（Ernest Rutherford）意識到，放射性元素以恆定速率衰變的特性，可以用來測定岩石年代。放射線中的 α 粒子是氦原子的核，因此拉塞福猜想，若測量岩石中累積的氦原子核的量，或許能揭示其年齡。他當時不了解進一步的問題，例如氦氣可能會逃離岩石。後來，他將第一次估計修改爲 4 千萬年至 5 億年。

將放射性定年變成了一門精確科學的是霍姆斯。他測量了放射性原子的半衰期（half-life，一半樣本衰變所需的時間），並計算出從鈾轉化爲鉛（lead，Pb）的複雜衰變序列。現在我們知道有兩種類型的鈾原子：鈾 -238 和鈾 -235，它們分別衰變成鉛 -206 和鉛 -207，能對定年進行兩次獨立檢查。

鉀 -40	銣 -87	釤 -147
119.30 億年	488 億年	1060 億年

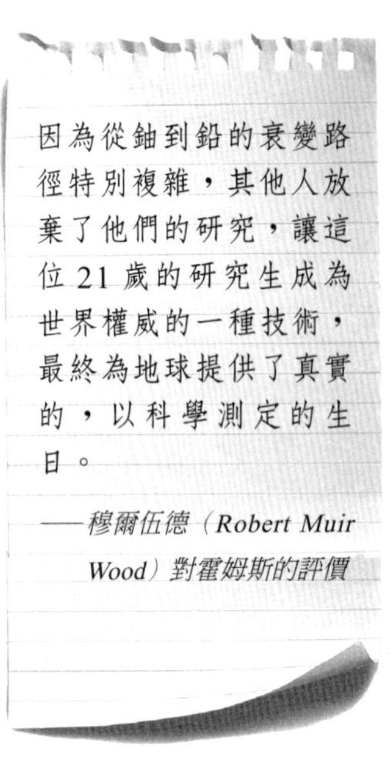

爲原子秤重

霍姆斯用幾個月的時間才完成了他的首次定年，但今天的岩石樣本可以在幾分鐘內就完成，這歸功於質譜儀（mass spectrometer）的發明。將微小的樣品蒸發，使電子從原子上剝離，如此原子核可被加速，並依其質量大小被偏轉到不同的探測器。這代表每個同位素原子都可以被精密地稱重——甚至可以精確到以個計數。

樹木年輪和碳同位素

透過測量同位素：碳 -14 的數量，可測定出遠至 6 萬年前的考古年份。這種同位素是由宇宙射線對大氣中碳的作用所產生的。一旦碳 -14 被結合到活體植物和動物中，此時碳 -14 停止增加並且隨時間衰變，此半衰期爲 5,730 年。現代儀器的精度可達十倍半衰期的年份，之後同位素剩餘的數量太少以致無法有效測量。

然而，宇宙射線的通量並不是恆定的。幸運的是，大自然以樹木年輪爲我們提供了校準圖表。就如我們平常所觀察到的，每一個年輪都可對應一個年份。對於保存在沼澤中的樹木，其年輪紀錄了數千年的歷史，若把年輪序列與碳 -14 定年結合，則每個年輪都可以精確測定年份，那麼衰變曲線就可以非常精確的重新校準。

一粒沙見永恆

現在，考古學家和地質學家可以使用許多定年技術。其中一個可以檢視掩埋的沙粒在何時重見天日。稱爲光刺激發光法（optically simulated luminescence，或稱 OSL）。天然放射線導致礦物顆粒的晶格損壞，這種傷害透過照光來修復，並透過從晶格中釋放能量來發光。因此，如果將樣本保持在黑暗中直到其進入儀器內部，然後暴露在短暫的雷射下，則產生的光可以衡量樣本的埋藏時間。

晶體中的線索

鋯石的主成分爲矽酸鋯（$ZrSiO_4$），是一種流行的半寶石，但在研究古地球的地質學家中更受歡迎。它的晶格使鈾原子很容易被困在其中，但鉛不會。因此，從熔融岩漿中形成的鋯石晶體就如同攜帶了一個放射性時鐘，而且鈾的衰變會導致鉛的累積，可產生超精準的年齡數據。更讚的一點是，鋯石晶體一旦形成後就非常堅固。它們周圍的岩石會被擠壓，破碎，埋藏甚至重新熔化，但鋯石恆久遠。不同地區的鋯石的年齡都不相同，並且經歷了不同的歷史。用於測量它們的質譜儀非常靈敏，可以從一粒沙子大小的單顆鋯石中，取出多達 100 種不同的樣本。

爲山脈定年

定年技術還用在許多超越測定岩石年代的其他線索上。我們可以測定氣候變化和海平面上升的資訊，以用來追蹤人類祖先的史前遷徙。例如，鈾溶解在海水中，隨著珊瑚的生長，鈾原子會被困在其中。因珊瑚總是生長在淺海，所以爲珊瑚定年，就可以知道當時海平面大約是在哪個高度。

不同的礦物在相異的溫度下結晶，因此我們可以從樣本中的礦物顆粒，計算出岩石的溫度歷史。如喜馬拉雅山脈花崗岩中的鋯石，其結晶時溫度超過 800℃，相當於地表下 18 公里深度。但是白雲母在較冷的溫度下形成，因此深度較淺。在同一塊花崗岩中，這兩種岩石的年齡差異僅有 200 萬年，這表明喜馬拉雅山脈是在 2000 萬年內迅速隆起。

濃縮想法
放射性時鐘

05 三個行星 *

地球是太陽的第三個行星，是一個「剛剛好」的世界。眾所周知，與鄰近的姐妹——金星及火星相比，地球的環境對生命來說是「恰到好處」。但是為什麼會這樣？為什麼與金星和火星相比，地球會如此不同？我們可以從它們的錯誤中汲取教訓嗎？

* 譯註：原篇名「A tale of three planets」原取自英國童話「金髮姑娘與三隻小熊」，一位金髮女孩誤闖森林裡三隻小熊的家，品嘗了牠們的食物、椅子及小床後，認為其中一碗「恰到好處」，因此這故事引申有「剛剛好」之意。

醜陋的姊妹

金星（Venus）以愛神維納斯爲名，從地球上看，是一顆在早晨或傍晚，依偎著太陽的美麗星星。但我們看到的只是與地球壓力與溫度相當的白色雲頂而已。在金星地表，現實情況與地球非常不同。這些雲是由硫酸液滴組成的，雲頂下方 50 公里處是受到摧殘的表面，其大氣壓力比地球高出 90 倍，氣溫高到足以熔化鉛。

從許多面向來看，金星是地球的姊妹，大小和密度大致相同，並且在相同的環境下同時誕生。但是，不同的成長過程使金星變成了邪惡的雙胞胎。如果我們將地球上累積的所有石灰石、白堊和煤炭都汽化掉，那麼最終大氣中將富含二氧化碳，會與金星上的大氣非常相似。溫室效應的熱量導致海洋蒸發，而水蒸氣是一種更強大的溫室氣體，會吸收熱量並導致更多的蒸發。如果地球離太陽近了一點點，則骨牌效應將會造成嚴重的後果：除非所有的海洋都沸騰了，否則氣候無法穩定下來。這很可能是金星上曾發生的事情。今天，在金星的表面，即使在大氣層中

時間線

1960	1972	1975	1980 及 1982
蘇聯首次試圖發射火星探測器 （失敗）	美國水手 9 號是第一艘火星探測船	蘇聯的金星 9 號和金星 10 號拍攝了金星表面的第一張照片	美國維京 2 號和維京 1 號登陸火星

也幾乎沒有水，因為太陽光已經將水分解成氫氣和氧氣，氫已經逃逸到太空，而氧氣已經與岩石作用，消耗殆盡。

最大的問題是：這會在地球上發生嗎？答案是：不在當下，即使加上因文明發展而釋放到大氣中的大量二氧化碳也是如此。但也許經過十億年之後，隨著太陽升溫，會對我們的後代造成眞正的災難。

沒有水的地質

在地質學上，金星看起來與地球非常相似。雖然沒有海洋或植被，但有火山、撞擊坑、山脈、裂谷或斷層。然而，斷層和火山在地表上隨機擴散，沒有板塊邊界線，且撞擊坑也是均勻分佈的，這表明整個金星表面的年齡大致相同，大約是 6 億年，與火星，月球或水星的表面相比，相對年輕許多。

要解釋這點，或許在於金星失去內部熱量的方式。在地球上，內部熱量的消耗是由板塊運動所完成的。熱火山創造了新的地殼，而舊的冷地殼潛遁進入地球內部，但是這個過程必須以水作潤滑劑。在金星上沒有水，因此板塊運動不可能發生。因此，星球內部溫度上升到火山在整

為尋找火星人鑽洞！

如果火星上仍然存在生命，那麼最有可能在火星地表以下找到它們。也許在有熱液系統加熱的地方有細菌，並以分解硫化物礦物產生的化學能維生。這就是為什麼在 2005 年，美國航太總署（NASA）的科學家，在西班牙西南部的力拓（Rio Tinto，又稱紅河）附近鑽探了一個深洞。這不是普通的河流，地底的細菌活動釋放出來，並使水呈現強酸性，水溶解的鐵和其他礦物質會河流變成紅色。這不僅是模擬火星上疑似生命的所在，科學家還測試了一種遙控鑽頭，未來能在火星上用於搜索地下生命痕跡。

1990-94
美國麥哲倫軌道探測船以雷達繪製金星表面

2003
歐洲的火星快車號（Mars Express）在火星軌道上繞行。但任務之一的小獵犬 2 號（Beagles 2）地面探測器降落後，最終未能運作。

2004
美國火星探測漫遊者探測車著陸火星，度過惡劣環境並繼續運作

2006
歐洲金星快車號（Venus Express）在金星軌道上繞行

個星球上爆發的程度，每隔 6 億年，大部分地表都會重新塑形。

臨界質量

火星（Mars）的大小只有地球的一半，或是月球的兩倍。這可能導致毀滅性的結果。其表面引力幾乎只有地球上三分之一，並且沒有明顯的磁場來保護大氣頂部免受帶電粒子的太陽風的侵襲。因此，一些氣體分子，特別是水蒸氣，會分解並緩慢地進入太空。據估計，即使在今天，每天仍有多達 100 噸的火星大氣層逸失在太空中。

火星上的大氣壓很低，因此即使溫度高於冰點，液態水也只能存在於最低的山谷處。在其他地方，冰會直接昇華變成蒸汽而不會融化。而因為沒有厚厚的二氧化碳形成的舒適保溫毯，因此氣溫總是遠低於冰點，通常在零下 60℃。

火星的河流

顯然，火星並非一直都如此寒冷和乾燥。太空探測器以精密的解析度繪製了大部分表面，顯示了過去曾有水流動的明確證據，但其中大部分痕跡可能超過 30 億年。最近的例子是由於熱液活動對埋藏冰的局部加熱，導致短暫的山洪暴發。

我們都是……宇宙的孩子們。不僅是地球、火星，還是太陽系，像一整個盛大的煙火。我們對火星如此感興趣，那是因為我們對地球的過去感到好奇，並且擔心可能的未來。

——*布萊伯利（Ray Bradbury），火星與人心，1973 年*

然而，在年輕的時候，火星似乎有河流、湖泊甚至海洋。北半球的大片區域海拔較低，與地球上的海底有許多共通點。那麼所有的水都去了哪裡？很可能它們大部分都逃到了太空，但也許在地表下的冰也儲存了大量水。

火星上有生命嗎？

今天，火星似乎毫無生氣。這裡肯定沒有高智慧，懷有敵意的外星人居住，但是星球上仍然可能會有一些綠色的東西。南極洲的乾谷是地球上最像火星的環境：已存在數千年的永久凍土，沒有下過雨，甚至連積雪都沒有。然而，在一些石頭表面下方的孔隙空間中，仍有一層薄薄的綠色微藻。美國航太總署在 1970 年代曾發表過其維京探測器的探索結果，並沒有顯示出火星生命的證據，在此之後就沒有成功的探索了。但原始細菌或藻類可能仍然存在。

火星人化石？

1996 年，一顆隕石成爲全球新聞。它於 1984 年在南極洲被發現，其成分表明它來自火星。隕石微小的裂縫中含有碳酸鹽，說明它大約於 36 億年前沉積在水中而形成，但其中也有微量化學痕跡。如果這些證據是在地球上的岩石被發現，會歸因於生命的作用。所以這是火星上的原始生命造成的嗎？甚至有科學家聲稱，其結構是某種細菌的化石，儘管它們比大多數地球細菌小 100 倍。目前，人們仍然關注火星上的化石，但仍在繼續尋找新證據。

濃縮想法
適居區

06 活著的行星

若外星人訪問太陽系，他們會立刻知道去哪裡去見「當地人」。除了大量無線電傳輸訊號外，在地球的大氣層中，生命的標誌非常清晰。不像其他無人行星那樣是以二氧化碳為主成分，像發動機排氣等來源，會產生一些不穩定的混合物，包括氧氣、臭氧、微量甲烷和氨——這些氣體只能透過生命產生並維持。

行星恆溫器

在過去 35 億年中，地球的表面溫度似乎保持在 10 到 30℃之間。然而，在這段時間裡，太陽的能量增加了 1.5 到 3 倍。我們只需要看看沸騰的金星或冰凍的火星，就可以知道結果有多麼不同。這種穩定性靠著細菌和藻類的作用而實現。

自生命初始以來，生物一直在消耗二氧化碳的保溫毯，使地球保持溫暖而不至於過熱。地質記錄包含層疊的厚厚石灰石和白堊層，基本上是生物屍體所堆積而成的早期大氣化石。一開始，地球的大氣層可能與火星和金星的大氣成分相同，二氧化碳含量高達 95%。今天，CO_2 的組成只佔大氣層的 0.03%。

全球污染

地球上的第一個細菌原住民，可能是今天在下水道中發現的那種：製造臭味的細菌，從化學分解中獲取能量，並在缺氧環境下蓬勃發展。但隨後出現了生命最偉大的發明之一：光合作用。藍藻（cyanobacteria），或俗稱藍綠藻，從太陽光中獲取能量，並用來將二

時間線

35 億年	28 億年	24.5 億年	24.5-20 億年	8.5 億年
富含二氧化碳的早期大氣	藍藻釋放最初的氧氣	自由氧氣開始積聚在大氣中。二氧化碳濃度下降	冰河時期	氧氣濃度開始上升

氧化碳和水結合到細胞組成的複雜化學結構中。它們還生產了一種廢氣——氧氣，這種毒氣對其他厭氧的同伴有毒。這是當時世界上最嚴重的污染事件。

一開始，大約 28 億年前，氧氣在海水中的化學反應中迅速消耗殆盡。其中一個結果是前寒武紀（Precambrian）的大型帶狀鐵岩層，顯示出地球是如何開始「生鏽」的。這些鐵岩層可能是由於藻類的季節性大量繁殖增加氧氣濃度，或者是由於洋底上升流從缺氧深度帶來更多溶解的鐵。

生命開始呼吸

地球大氣中富氧的第一個證據來自約 24.5 億年前。緊隨其後的是冰河時代；也許藻類的大量繁殖，從地球的保暖大氣中吸收了過多的二氧化碳。從那之後，氧氣保持在大氣組成的 3% 至 4%，直到約 8.5 億年前，氧氣濃度開始再次上升。這些變化或許是促成更複雜的生命進化的誘因。

> 從月球上看地球，能體會地球足以令人屏息的驚人之處，就是她是活著的。這些照片顯示了前景中月球的乾燥，破碎的表面，像一塊舊骨頭一樣。在天上，溫潤而閃閃發光的地球，在深藍的天空下自由漂浮著，從地平面冉冉升起，是這塊宇宙中唯一生機盎然的豐盛之地。
>
> ——*湯瑪斯（Lewis Thomas），細胞的一生：生物學觀察者的筆記*

在過去 5.4 億年的大部分時間裡，氧氣占大氣的 21% 左右，這樣的比例對生物來說非常便利，恰好足夠大型動物繁衍

我們是火星人嗎？

由於火星距離太陽較遠，會更快地冷卻，因此，在地球變的可居住之前。生命可能已經開始在火星發展了。我們知道隕石可能從火星到達地球，並且在早期的太陽系中必然更常發生。微小的細菌可能搭便車，爲年輕的地球播種。如果眞是這樣，那我們其實都是被流放的火星人！

7.8-6.6 億年	6.1 億年	3 億年	現在
冰河時期	最早的大型動物（埃迪卡拉紀）	氧氣濃度高達史上最高的 35%	大氣二氧化碳濃度處於 80 萬年來最高峰

進化，卻不至於因太多氧氣而造成失控的森林火災。但一個例外發生在大約 3 億年前的石炭紀（Carboniferous）晚期，當時氧氣濃度似乎達到了大氣的 35%。這是大量煤炭沉積的時期，也可能使昆蟲和兩棲動物長的更大，產生翼展達 30 公分的巨大蜻蜓。

蓋婭理論

氧氣和二氧化碳可能恰好是控制地球上生命發展的兩個因素。由獨立科學家勒夫洛克和微生物學家馬格利斯（Lynn Margulis）共同提出的蓋婭理論認爲，回饋機制可以使地球成爲一個生命的適居場所。雖然以地球女神的名字命名，蓋婭理論並未訴諸外力或有意識的控制，只是基於一系列回饋機制自然運作。除氧氣和二氧化碳外，大氣中的甲烷和氨，海洋酸度和鹽度等因素，似乎都保持穩定。生命甚至透過釋放二甲基硫化物到大氣中，來控制雲層和降雨。在空氣中，硫化物被氧化形成微小粒子，並充當晶種以使雲中的雨滴凝結。

勒夫洛克 JAMES LOVELOCK，1919-

勒夫洛克出生於 1919 年，他從未成爲傳統意義上的科學家，他從醫學研究開始，然後漸漸向 NASA 提供有關檢測行星大氣成分的儀器的建議。自 1964 年以來，他一直是獨立科學家和發明家。他最著名的發明是電子捕獲裝置，是探測地球上廣泛污染物影響的關鍵。他也是蓋婭理論的創始人，由他的作家朋友戈爾丁（William Golding）以地球女神的名字命名。該理論認爲，生命無意識地調節著地球上的大氣和氣候，而人類正在危險地破壞這個平衡。

蓋婭毀滅者

蓋婭理論認爲，複雜的回饋機制，使地球看起來就像一個單一的超級生物一般。儘管理論中的一些預測成眞，但理論仍然存在爭議。雖然爲理論的命名不代表其行爲，但在神話中，蓋婭是會吃自己的孩子的。那麼人類對這種自我調節機制的影響可能是什麼，或是反過來說，自我調節機制影響了我們什麼？顯然，我們正在對地球進行大規模改造，清除森林和改變土地利用，破壞棲息地和生物多樣性，釋放污染物和前所未有的二氧化碳量。氣候模型表明，我們正在接近一個臨界點，而調整後的動態平衡將圍繞一個非常不同，更溫暖的世界重新建立。勒夫洛克更進一步暗示，重整將會促成人口限制。或許是海平面將上升，或廣闊的農田將會變成乾旱的沙漠。勒夫洛克相當悲觀的預測，下個世紀的世界，人口數量要比現在少得多，然而這個星球無論如何都會繼續活著。

濃縮想法
自我調節，活著的行星

07 地心之旅

當凡爾納（Jules Verne）於1864年發表他的小說《地心歷險》時，地球內部幾乎不為人知。當時地質學是一門新科學。達爾文的進化論剛剛發表，第一批恐龍化石開始出現於世界博物館中。今天，不需要挖掘地下通道進行小說中的旅程；只要使用現代儀器，就可以得到事實。

離你只有幾公里遠的地方，卻從來沒有人去過那裡——也許未來也不會有。如果距離是水平的，那只要開車便能前往，但若是垂直下降到這個深度，將帶來難以克服的問題。1960 年 1 月 23 日，當皮卡德（Jacques Piccard）和瓦爾許（Lt Don Walsh）乘坐堤里亞斯特號（Trieste）深海潛艇，潛入關島附近，馬里亞納海溝深處，挑戰者深淵的最底部時，他們成爲潛到世界最深處的第一批人。他們到達了 10,911 公尺深的海底，並在那裡看到了一條比目魚。

地底下的生命

生命已經在地表和海洋中的每一個環境紮根，但並不止於此。來自深海的研究船隻鑽探出的沉積層岩芯樣本中充滿了生命。這裡的居民們是細菌，大多數是原始的古細菌（Archaea）。它們的祖先可能在數百萬年前就被埋在海底之下，但它們繼續生存和繁殖。它們緩慢地在有機物和甲烷上繁殖，這些有機物和甲烷被埋藏在深海地下水中。它們在地表下方 5 公里，已被埋藏了大約 1600 萬年。它們佔地球上至少 20% 的生物量，甚至有人估計它們佔地球總生命的一半以上。

深度

0 公里	-38 公里	-100 公里	-670 公里
地表	地殼平均厚度	岩石圈平均厚度	上地函的底部

向地心挖掘

地表最深的礦場是南非的陶托那（Tau Tona）金礦，在地表下 3,900 公尺。這裡如此深入地下，以至於如果沒有空調，溫度將達到 60℃左右。而最深的鑽孔位於俄羅斯的科拉半島（Kola Peninsala）上：在 1989 年鑽到了 12,262 公尺深。溫度和壓力使得鑽探無法再深入，因爲半固體的岩石會以鑽孔一樣快的速度塡滿孔洞。

但我們仍有可能鑽穿地殼進入地函，只是不能在陸地上。海洋地殼的平均厚度僅爲 7 公里。在 1960 年代早期，有一個野心勃勃的計劃，透過鑽探並到達莫氏不連續面（Mohorovičić discontinuity，或簡稱爲 Moho，標誌著地殼和地函之間的邊界）。但由於資金不足而未能實現，且當時的技術無法克服，因此這個稱爲「莫霍洞」（Mohole）的計畫被放棄了。目前還有另一個類似的計畫，這得益於最新的日本科學鑽探船地球號（Chikyu，即日語「地球」的發音）採用立管技術，將加壓鑽井泥漿泵送到同心外管。這技術本爲石油工業開發以防止井噴，但也可用於保持鑽孔在很深的地底仍然維持開放。

莫氏不連續面

1909 年，克羅埃西亞地球物理學家莫霍羅維奇（Andrija Mohorovičić）正在研究自然地震波如何透過地球層折射。他發現大陸之下 35 公里附近，地震波的速度發生了突然變化。在上方，地震壓力波（P 波）以大約每秒 6 至 7 公里的速度行進，低於更下方的每秒 8 公里。這個斷面後來被稱爲莫氏不連續面，標誌著地殼和地函的邊界。

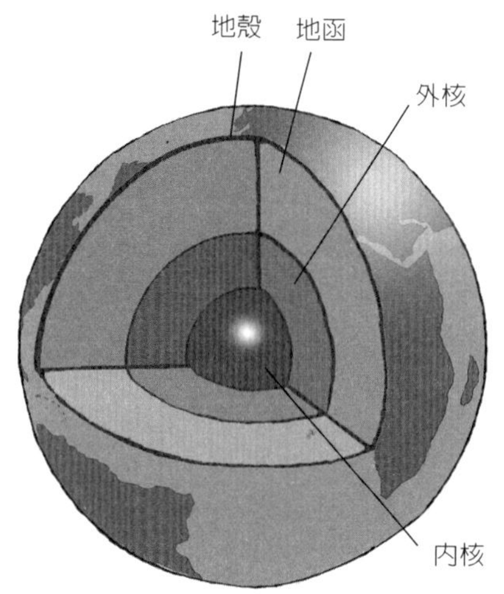

由於地球擁有一層薄薄的大陸，和厚厚的地函層，以及內外核心，地球幾乎就像一個洋蔥。但並不完全像。

行星面相學

在大尺度上，地球是近似平滑的球。如果將她縮小爲桌球的大小，即使是喜馬拉雅山也只比平均高個幾分之一公釐，而地球內部也是如此。地殼，岩石圈，上下地函，外部和內部核心的各層是光滑和均勻的，像洋蔥的層一般——但只有 99.9% 像。然而，與那些均勻層相差 0.1% 的地方，正是許多最有趣的地球物理學被發現的地方：是我們往地球內部探勘的線索。

太空人讚嘆了地球在太空中的完美形狀，但地球其實不完全是球形的。你認爲，從地心到聖母峰（Everest）的距離是最長的嗎？錯。答案是位於厄瓜多的欽博拉索火山（Chimborazo）。雖然它只有海拔 6275 公尺，但它非常靠近赤道，地球自轉使得行星在赤道上稍扁。幸運的是，大氣層會隨著地球一起自轉，所以我們不會注意到自轉速度，但是如果你站在赤道上，你會以超過 1,670 公里的時速向東急馳，這僅僅是因爲地球自轉。

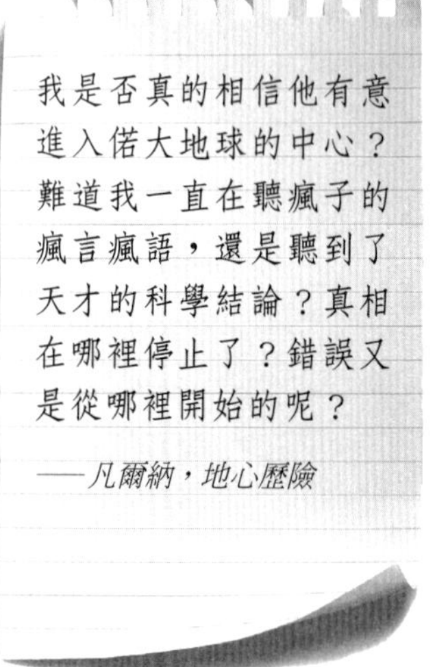

感受太空的顛簸

2009 年 3 月，由歐洲太空總署發射的重力場和海洋環流探測衛星（the Gravity field and steady state Ocean Circulation Explorer，以其首字母 GOCE 爲人所知），以前所未有的精密程度測量地球的重力場。在低軌道上，衛星對重力的拉動非常敏感。重力增加時會略微加速，而重力稍微減少會使衛星減速。原子鐘可以測量非常小的差異，並生成迄今爲止最精確的地球重力圖。它揭示了「大地水平面」（geoid）的形狀——在沒有潮汐和潮流的情況下，全球海洋的假想形狀。這是準確測量海洋環流，海平面變化和冰動力學的關鍵參考，以上這些因素都容易受到氣候變化的影響。基於此數據的誇張模型，使地球看起來像一塊不規則的馬鈴薯，在印尼和歐洲西北部有一個凸起，在印度洋有一個凹坑。最引人注目的是印度南部的重力顯著下降，而這裡是印度次大陸漂移經過的區域，此地的海平面低於平均約 100 公尺。

在接下來的章節中將看到，凸起，隆起和不規則一直延伸到地球的核心，提供關於地心的動態變化的嶄新想法。

濃縮想法
幾乎像是洋蔥

08 地心之景

我們或許無法直接到地球深處進行採樣，但至少還有方法能看一看。光無法穿透行星內部，但地震波可以。如同反射和折射的原理，光碰到鏡子反射並透過透鏡折射，而地震波在行星的內層反彈，並在穿過不同成分的岩石時產生折射。

地震波的研究，遠比將石頭扔進池塘並觀察漣漪還要複雜得多。首先，有三種不同類型的地震波，它們以不同的速度行進，因此到達觀測者的時間也相異。最早到達的是 P 波，代表主要（Primary）及壓力（Pressure）波。而後是 S 波，代表二次（Secondary）及剪力（shear）波，約以 P 波速度的 60% 行進。最後還有一些表面波，它們以速度介於 P 波及 S 波，但是會繞著行星的表面行走很長一段距離。當波以二維而不是三維傳播時，其消散速度更慢，並且可繞行地球數次。反射的 P 波和 S 波會干涉表面波，這代表表面波也可以攜帶地球內部的資訊。

往海底射擊

探測地底深處需要一些震動，如自然發生的地震，或過去的地下核試驗。為了研究地殼沉積物中較淺的地層，你也可以自己引爆。在海上，利用船隻拖曳一個大型壓縮空氣槍，並每隔一段時間發射空氣子彈，使震波的反射被拖式水聽器陣列接收。這個方法能找到古老的熔岩流，沉積層和能探得大量石油和天然氣儲量的穹頂結構。對僅幾百米深的軟沉積物進行一般的調查，則根本不需要用到爆炸，聲納掃描的反射就綽綽有餘了。

深度

0 km	-38 km	-670 km
地表，20℃，1 大氣壓	地殼平均深度，500℃至 900℃，1200 大氣壓	上地函最深處，2300℃，22.7 萬大氣壓

眞正的地心之旅

好萊塢電影「*地心毀滅*」（*The Core*）的前提是不可能發生的。地球深處的壓力會壓碎任何我們想像的到的載人探測船。但加州理工學院的史蒂文森（David Stevenson）將這想法從不可能進步為「不太可能」，就是只讓儀器進入地球的核心。這實驗要從地殼中的深處裂縫開始，並向其中倒入 10 萬噸鐵水。他相信高密度的鐵水會在一兩個星期內穿過地函向下流動，如果讓葡萄柚般大小的耐熱儀器隨著鐵水流動，就可以繼續使用地震波將讀數送回地面，一直到地心外核，最終探測器將融化。

在地面沖壓

在陸地上，可以使用大型卡車進行地震剖面分析。探測車配有重金屬板，放置在地面上，透過液壓油缸上下振動。除了不會在地上撞出大坑洞之外，還具有容易控制振動的波長和頻率的優點，以在不同深度處取得不同種類的地質特徵。同樣的，反射也會記錄在地震檢波器陣列上。目前該技術已用於建立北美大陸的三維剖面模型。

> 以前，人們認為這是一個荒謬的想法。我希望能把觀點從「荒謬」轉移到「僅僅是不太可能」。
>
> *——史蒂文森，計劃發射通往地心的探測器*

掃描行星體

每天都會發生數十次小地震，今日，全世界有幾百個敏感的地震儀記錄地球的震動。就如同醫院裡常見的人體斷層掃描機，有許多個感測器在 X 光源環繞身體時記錄數據，並透過複雜的數學和巧妙的計算來重建內部器官的 3D 圖像，這些地震紀錄則可重現地球的內部構造。

正如我們所探測到的，地殼底部的莫氏不連續面是一個強烈的反射

-2,891 km
下地函最深處，2700 至 3700°C，140 萬大氣壓

-5,150 km
熔融外芯最深處，約 5000°C，340 萬大氣壓

-6,371 km
內核，約 5500°C，360 萬大氣壓

板塊之下

莫氏不連續面標誌著結構的變化。當熱的地函岩石融化時，只有一小部分岩漿會噴出地表，或被壓進大陸底部，形成新的地殼。在地函頂部留下的是橄欖岩（peridotite），由深綠色的橄欖石（olivine）和其他高密度礦物組成。在地殼底部的上方是顏色和密度較淺的岩石。在海洋地殼的底部通常是輝長岩（gabbro），其具有與玄武岩相似的成分，但是由於其冷卻得更慢而呈現更粗糙，更結晶化的形式。

體，那裡是堅硬岩石圈底部的地層，在此處轉變爲更熱，更軟的軟流圈（asthenosphere），而地殼板塊漂浮在其上。

地震波在深度410公里和520公里處有較弱的反射，而較強的反射出現在上地函和下地函的邊界。在地函的底部是另一個薄的，可能是不連續的層，現稱爲D"層，或許是古代海洋地殼的停止位置。

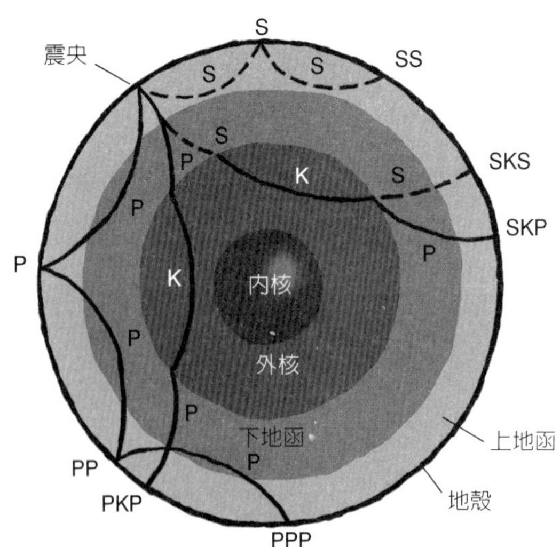

地震波的主要類型和它們穿過地球的不同路徑，並顯示地球內部的各層。

又軟又熱的岩石

地震層析成像不只顯示了明確的分層，震波在軟岩石中傳播的速度比在硬岩石中慢，可能是反映了溫度差異。透過這種方式，可以探測從夏威夷和冰島等火山熱點下的地函深處升起的地函熱柱，還可探測古老且較冷的海洋板塊潛入地函的現象。

液態核心

P 波能穿過固體和液體，但在柔軟質地中傳播得更慢，而 S 波不能透過液體傳播。大地震發生後，在地球另一側有一塊震波的探測陰影，沒有接收到 S 波。這代表地球必須要有一個熔融的液體核心，從地球密度來看，核心主要由液態的鐵所組成。P 波可以穿透它，但也顯示出裡面有一個以高速傳播的區域，這代表地核內部應該還有一個更小的內核，並推測是固體鐵。

濃縮想法

行星體掃描

09 磁芯

地核與火星一樣大，但是質量卻是火星的三倍。外核是白熱的熔融金屬海洋，有湍流，漩渦和風暴。再往內是內核的結晶森林。然而，在核心內的運作過程孕育了生命，也保護我們免受來自太空的危險輻射。

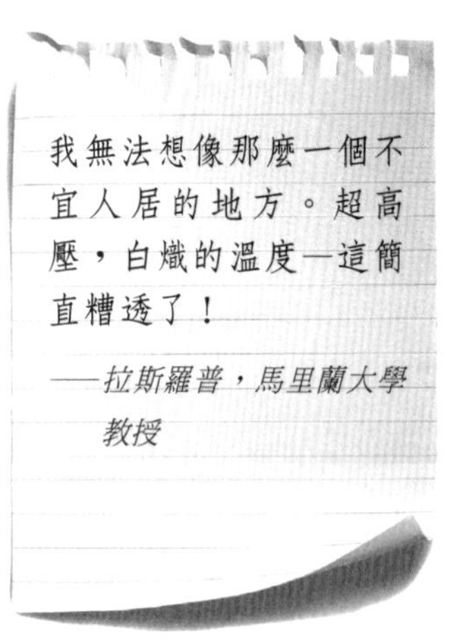

太空中的線索

鐵隕石雖然不是最常見的，但卻是外太空最易識別的岩石。它們主要由鐵金屬構成，但通常含有 7% 至 15% 的鎳。鐵與鎳通常以兩種合金比例的晶體存在，其中一種含有 5% 的鎳，另一種含有約 40% 的鎳，隕石則以兩種合金的任意比例構成。在過去，隕石被認爲是地球核心的可能模型，假定它們都起源於一個原始行星的分裂所形成的小行星帶。不過後來明白，鐵隕石是來自大量較小的天體，且它們的形成壓力遠小於地球核心的壓力。

若想更清楚的了解核心的組成，或許能探討碳質球粒隕石（carbonaceous chondrites）。這些石頭是太陽系中最古老的物體，最能代表當時岩石的大部分組成。它們在富含碳的基質中含有矽酸鹽礦物，還含有約 30% 至 40% 的鐵，其中部分是金屬態，一些是鐵的氧化物和硫化物。而鐵與鎳的存在也有關聯。

測量結果表明，地芯的密度不足，因此不應該由純金屬的鐵 - 鎳合

時間線

1687
牛頓（Issac Newton）利用重力來說明地球必須有一個高密度的核心

1905
愛因斯坦提出磁場的起源是物理學面臨的重大問題

1926
傑弗里斯（Harold Jefferys）利用地震波證明外核是液態

金所組成。必須含有 8% 至 12% 的較輕元素，其中最有可的能是氧和硫，因爲它們很容易與鐵結合。

磁力傘

太空對於行星來說是一個危險的地方：地球不斷受到宇宙射線和由帶電粒子組成的太陽風轟擊。是地球磁場保護了我們，使宇宙中的射線不至於炸毀電子設備或造成更多基因突變。當地球圍繞太陽運行時，磁場在地球周圍形成一個巨大的保護傘。一些帶電粒子被困在范艾倫輻射帶（Van Allen radiation belt）中，而其他粒子沿著磁力場線流入，形成兩極的美麗極光。但大多數射線都偏離了地球，沒有造成傷害。

熱源

液態外核中的對流，及連動的固體下地函中較慢的對流，是由大量熱能所驅動。地核每年釋放的總熱量約爲 44.2 太瓦（TW），是全人類年耗能量的兩倍。最可能的來源是鉀 -40、釷（Thorium，Th）和鈾等元素的放射性衰變，約佔總量的 80%，另外還有來自內核凝固時釋放的潛熱。此外，當純鐵一鎳合金晶體在內核中生長時，原本溶解的較輕元素如矽，硫和氧可能被釋出，在上升到地函底部的過程中釋放出重力位能。

磁力發電機

1905 年，愛因斯坦（Albert Einstein）認爲，地球磁場的起源是物理學家面臨的一個未解問題。直到 1946 年左右，在美國工作的德國物理學家埃爾薩瑟（Walter Elsasser）和劍橋地球物理學家布拉德（Sir Edward Bullard）才提出，地球磁場是由液態外核中的感應電流所產生。爲了維持該磁場，液態鐵水必須在對流中不斷循環。地球自轉引起的柯氏力效應（Coriolis effect）會使這些電流形成螺旋狀，並產生磁場。

混亂的對流

對於曾經使用指南針導航的人來說，地球的磁場看起來十分穩定，

1936
丹麥的萊曼（Inge Lehman）利用地震波來證明，地球必須有一個固態內核

1946
埃爾薩瑟和布拉德同時提出地球磁場產生自外核的感應電流

2010
利用電腦模型及熔化的鈉模擬磁場反轉

就好像一塊超大磁鐵棒一樣。但在地核中發生的事情可複雜的多。在約300萬大氣壓和接近4,000℃的情況下，液態的鐵幾乎像水一樣流動。在外核中的對流因局部渦流而變得複雜，有點像是大氣層中的風暴。許多較為狂野的渦流受到內核的影響而被抑制，但因地函底部D"層中含有一些鐵，也可能因此產生了屏蔽。即使如此，一些異常情況仍然存在。

磁異常

大西洋西南部被太空科學家比作磁場的百慕達三角（Bermuda Triangle）。當衛星越過該區域時，有許多儀器發生故障。這裡似乎有一個大範圍的磁場異常，並向西緩慢漂移，在這區域中磁場的強度最低僅達正常的一半。這導致來自太空的帶電粒子可以到達衛星的低軌道處，並造成電子零件損壞。

地磁逆轉

南大西洋的磁場異常或許是更大的事件的第一個跡象。在過去的180年裡，地球的磁場強度一直在下降。也許磁極即將完全逆轉。調查磁化的火山岩石表明，過去曾多次發生地磁逆轉——平均每30萬年發生一次。但是，自上次磁極完全逆轉以來，已經過了80萬年，沒有人確定什麼時候會發生，或是到時磁場的保護能力和我們的導航系統會發生什麼事情。

地球磁場的未來

目前對地球磁場的理解表明，如果沒有堅固的內核，磁場就不可能存在，所以磁場不會比地核更老。然而，在澳洲發現的一些石頭中，有證據表明它們在35億年前被就磁場磁化，因此內核至少必須在那時就形成。而到最後，整個地核將凝固，磁場將完全消失，我們的後代將沒有太空輻射的保護傘。所幸這種情況至少要30到40億年後才會發生。

水晶森林

在地球中心有一些更光怪陸離的事情發生。與從北向南行進的地震波相比，如果波從東向西行進，則穿過內核需要稍長的時間。在大地震發生之後，如敲響的鐘一般振動的地球，會產生和聲般的諧振效應。對於這種各向相異性的最佳解釋是，內核是由晶體組成，而晶體排列是南北向的。在金剛石對頂砧（diamond anvil，用於地質、工程和材料科學的高壓設備，壓力大到可重建行星內部的壓力環境）上進行的實驗表明，鐵－鎳合金晶體在內核周圍的高壓下生長得更大，並且內核可能由數千公尺長的互鎖晶體組成。

然而，這種各向異性的方向也在緩慢變化，證據顯示在過去的 30 年裡，內核比整個行星旋轉速度大約快了十分之一圈。它可能正在被外核電流的磁場拉力所牽引，類似於大氣中的噴射氣流帶。

濃縮想法
攪動的核心是磁力發電機

10 流動的地函

地球的地函是堅硬的岩石，但是處於高熱與高壓之下。在地質時間尺度上，地函可以像冰川中的固體冰一樣流動。來自地球深處的熱量導致地函對流，像在攪拌一鍋濃稠的粥一般。對流產生的力量會產生地震和火山，並驅使大陸漂移。

地球的恆溫系統存在問題——如果地函是堅硬而固定的話。所有來自放射性衰變的多餘熱量必須以某種方式消失，然而岩石本身是很好的絕熱體。幸運的是，地函岩石可以緩慢移動，將熱量傳遞到地殼以及其他地方，以調控地球溫度。這是溫度和壓力之間的持續戰爭。隨著底層的岩石升溫，深層地函會膨脹並降低密度，因此在數百萬年後，它們就會開始上升。

雙對流

地球物理學中的一個重大問題，是建立地函中的循環模型。地震波所揭示的地函組成與地函實際分層之間爲何有不一致，最終演化成整個地函是以單一對流或是雙對流之間的爭論。雙對流模式認爲，在上下地函之間的邊界（深度660公里）很少或根本沒有對流交換。但眞實情況或許是兩理論的混合。

雖然我們不可能去上地函看看，但仍有一些小塊狀地函岩石會被火山爆發所帶出，而更大的板塊有時也會因擠壓而露出地表。這些岩石由橄欖岩所組成，由密集的綠橄欖石和其他礦物組成，看起來像硬化的綠

時間線　十億年間的地函對流循環

2 億年前
熱岩石組成的地函熱柱從地函底部開始上升

1000 年前
在 120 公里深處，部分岩石開始熔化，熔岩上升得更快

現在
岩漿沿著中洋脊噴發形成新海洋地殼

鑽石鐵砧

深層地函的壓力和溫度難以想像，難以模擬。解決方式是使用人類已知的最堅硬的材料：鑽石。雖然鑽石很貴，但鑽石對頂砧相當小而且簡單。其核心是兩顆切割的鑽石，將壓力集中在鑽石刻面之間，並放進微小礦物樣品。鑽石還具有透明度的額外優勢，因此可以用雷射加熱樣品，再用顯微鏡即時查看。偶爾鑽石會被壓破，但大部分時候，破裂聲是來自礦物的忽然相變。礦物在高壓高熱的地函中，會產生相變，轉為更高密度的形式。

色德瑪拉糖（demerara）。為了理解地函的分層，科學家將微小的橄欖岩樣品放入金剛石對頂砧中測試。

相變

將金剛石對頂砧的壓力和溫度增加到上下地函邊界處的條件，一段時間後會突然出現破裂！還好，破裂是由於橄欖岩中的礦物轉為更高密度的晶體結構，而不是鑽石破了。礦物的化學成分不變，但新的礦物形態稱為鈣鈦礦（perovskite），具有不同的物理性質，可以清晰的反射地震波，正如在上地函最深處發現的那樣。這些礦物在大約 410 公里和 520 公里深處會經歷另一種相變，這兩個深度都對應於不同的地震波反射層。

> 今天，關於地函的最大爭議是其流動的本質：到底它只是一個大循環，一直延伸到核心，還是有一個雙對流系統，使中洋脊所噴發的岩漿來源，最深不超過 700 公里？
>
> ——*麥克肯齊（Dan McKenzie），1991 年在 BBC 的談話*

熱點

從大西洋中洋脊（mid-ocean ridge）海底火山爆發的岩漿，與其來源的地函塊成分非常不同。當一股溫暖的地函塊上升時，壓力下降並開始熔化，但只有一小部

1.4 億年後
海洋地殼變冷，並開始隱沒回地函

2 億年後
板塊到達 660 公里深，停滯直到礦物晶體相變

5 億年後
高密度的板塊突破到下地函，並迅速下降到地核—地函邊界

分，通常佔 10% 到 12%。熔化的岩漿能在岩石的顆粒之間滲透，並像海水一樣擠壓到靠近地表的岩漿室。這些流動的熔岩具有玄武岩的成分，形成新的海洋地殼。其餘的岩石變的更硬，並被推擠到旁邊，成為地函岩石圈的一部分。

濕點

一般來說，地函柱越熱，產生的岩漿就越多。但也有例外。例如，形成亞速群島區域的中洋脊，比其他部分產生了更多的岩漿，但溫度也更低。其解釋是因為更濕潤。地函礦物在其晶體結構中可能含有至少 1% 的水，在地函中加入相當於好幾個海洋的潛在水儲量。水降低了黏度，因此可以潤滑地函柱的上升，甚至可促使岩石在更深的地方產生熔化，即使溫度因此下降，也會產生更多的岩漿。一些水可能是從早期地函形成時就遺留下來的，而當古海洋岩石圈隱沒時，也會將一些水拖入地函。

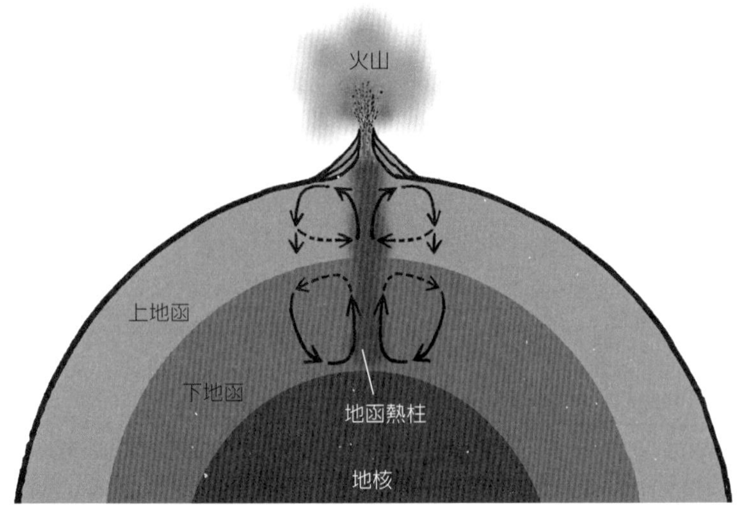

地函岩石是以雙對流（虛線）或是在整個地函中單循環？

地函底部的泥

地震波反射顯示出，在地函最深處有一層薄層，其厚度變化很大。在某些地方，其厚度可達 400 公里；但有些區域完全沒有。這一層被稱之爲 D'' 層。地函與外核之間的邊界既不清晰也不均勻。來自核心的熔融金屬被毛細作用吸入到地函礦物顆粒之間的孔隙中，在這裡與矽酸鹽岩石反應生成各種合金。隨著地函開始上升，這些合金在重力作用下回落，在地函深處形成高密度沉積。這些沉積物富含鐵，可能具有導電性並產生自己的磁場。地球旋轉中檢測到的微小擾動，就可能來自 D'' 層中的磁力。

不可能發生的地震

1994 年，一場強烈的地震襲擊了玻利維亞。這場地震幾乎沒有造成任何損害，因爲震央在地球內部極深處，約 640 公里深。但這不應該會發生，因爲那個深度的岩石太軟而不能像地表岩石般被擠壓破碎。一個解釋是：這些岩石沒有斷裂，它們忽然縮水了！這苦主是古老的太平洋板塊，沉入安地斯山脈下方的地函中，當板塊潛到如此深，低密度的橄欖岩組成使它無法進一步隱沒。接著，相變會突然發生，晶體重構成密度更大的鈣鈦礦，觸發地震並使板塊繼續進入下地函。

濃縮想法
地函對流

11 超級地函熱柱

目前為止，我們的討論仍然只在整個地函循環的範圍內。一些常見的火山可能只源自上地函。但偶爾會發生一些大規模的事件，從地核—地函邊界上升，並抬起整個大陸，有時將大陸分開並噴發出難以想像的大量熔岩。其始作俑者即是超級地函熱柱（superplume）。

大約 1.2 億年前的白堊紀（Cretaceous）早期，現在的西太平洋地區發生了一些壯觀的事件。今天的火山爆發，規模和力量固然強大，但完全不能與當時發生的巨大噴發相匹敵。即使在 6500 萬年前，分裂印度次大陸並產生德干暗色岩（Deccan Traps，世界上最大的火山地形）的大噴發規模（也許是導致恐龍滅亡的原因），與這次噴發相比，也都是微不足道的。

> 地質學家的調查領域是地球本身……他們的研究破譯了地球所遭受的強大地殼運動和災變的歷史。
>
> *——巴克蘭（William Buckland），宗教與地質學，1820*

翁通爪哇高原

白堊紀的火山噴發大約始於 1.25 億年前的海底。在巔峰時期，每百萬年產生約 3500 萬立方公里的玄武岩—是海洋地殼產生的正常速度的兩倍。最後形成了翁通爪哇高原（Ontong Java Plateau），面積約 200 萬平方公里，厚達 30 公里（19 英里）。紐西蘭東北海域下的曼尼希基（Manihiki）和希庫蘭基（Hikurangi）高原地形，也曾經是噴發的一部分，但現在已經分開。它們加起來共有約 1 億立方公里的玄武岩漿。

時間線　超級熱柱噴發（估計噴發的玄武岩體積）

2.51 億年	2 億年	1.83 億年	1.38-1.28 億年	1.25-1.2 億年
俄羅斯，西伯利亞暗色岩：100 至 400 萬 km³	中大西洋：海底開始擴張	南非／南極洲，卡魯（Karoo）和費拉（Ferrar）：250 萬 km³	巴西，巴拉那盆地（Paraná）暗色岩：230 萬 km³	翁通爪哇高原：1 億 km³

拉森 ROGER LARSON，1943-2006

美國地球物理學家拉森，是海洋鑽探計劃的先驅之一。他本來尋找西太平洋最古老的侏羅紀海洋地殼，並最終找到了它，但是其被埋在在巨大的白堊紀玄武岩流下，是翁通爪哇高原的延伸。他計算了大約 1.2 億年前的爆發中的熔岩量，並發現這次噴發規模完全不同於往例。他爲創生高原的地函運動創造了「超級地函熱柱」這個詞語，並繼續推演熱柱上升將如何抬高海平面，並產生大量的二氧化碳，使地球升溫了好幾度。

對如此大規模噴發的最好解釋是，有一個超級地函熱柱從地函底部升起，像岩石圈下面的巨大蘑菇雲一樣散開，並同時造成許多不同的火山熱點。

全球影響

白堊紀地函熱柱的一些影響在全球仍然可見。首先，全球海平面大幅上升約 250 公尺！一部分是由於大量新生玄武岩單純的將海水推開；而整個海底因上升的地函熱柱而隆起也可能是一個因素。這個過程在大陸較低窪地區形成了廣闊的淺海。與深海不同，這些海洋的深度不足以使水壓溶解從地表沉沒的浮游生物的碳酸鈣骨架，因此累積了厚厚的白堊和石灰石沉積物，提供了獨特的岩石特徵，包括多佛（Dover）的白色斷崖。有機物也會積聚在較深的缺氧水中，在那裡埋藏並最終轉爲石油，提供現有石油儲量的 50% 以上。

現在，在白堊紀的白堊和石油中發現的大部分碳，也可能來自超級火山噴發。爆發使大氣中的二氧化碳增加十倍，導致溫度上升約 10℃。諷刺的是，透過燃燒白堊紀的石油，我們可能正在復原白堊紀的氣候條件。

1.39 億年	6500 萬年	6100 萬及 5600 萬年	1700-1400 萬
加勒比地區火成岩：400 萬 km^3	印度，德干暗色岩：51.2 萬 km^3	北大西洋：200 萬 km^3	美國，哥倫比亞／蛇河玄武岩：17.5 萬 km^3

金色糖漿

有一種流行的教具可描述地函對流，是一個裝滿冷卻金色糖漿的大型燒杯。底部的局部加熱使可見的熱糖漿柱開始上升。隨著對流到達水面，漂浮在表面上的碎餅乾最終將分開，恰好說明了大陸漂移過程。在地球物理實驗室中，則使用更大的糖漿罐來研究地函對流的細節。

下一次超級噴發

自白堊紀以來，還沒發生過任何超級火山噴發等級的事件，但噴發會再次發生嗎？幾乎可以肯定。對地球的地震波掃描顯示，兩團足夠大的熱地函物質，在地底大約 1000 公里處。一個在南太平洋下，另一個在非洲之下。南太平洋熱柱或許是白堊紀超級噴發的殘留；其最活躍的日子可能已經過去。

非洲的地函熱柱似乎較冷，因此阻礙了噴發的進展，非洲的古老大陸板塊也是一個阻礙，但好景不常。在東非大裂谷之下新出現了一個熱柱分支，似乎正試圖分裂這個大陸，也許有一天，這裡會形成一個新的海洋。

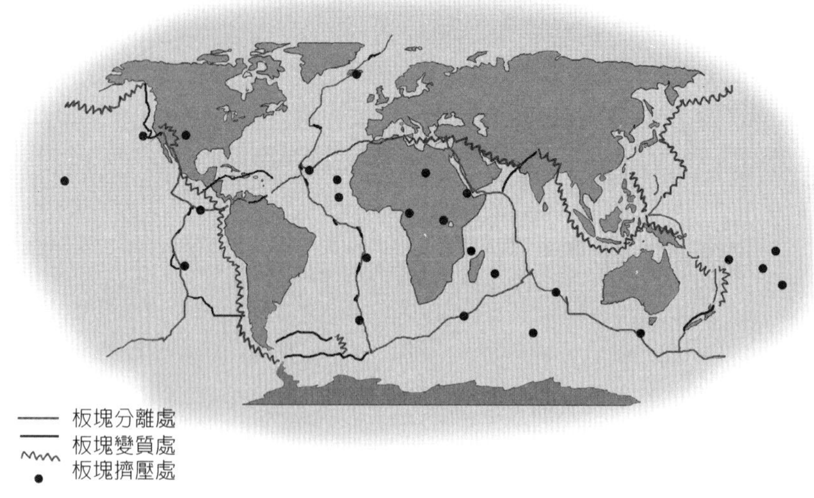

地球上的主要板塊邊界和火山熱點。

啟動地函熱柱

加州理工學院的電腦模擬，已顯示出一種可能在地函最深處啟動超級地函熱柱的方法。當有一塊巨大的古岩石板塊，一直隱沒入地核—地函邊界，它仍然較冷，密度夠高也夠硬，可以阻擋 1.5 億年或更長時間的小型熱柱。但是，在板塊下面依然積聚著熱量，也許在 2 億年之後，地函熱柱最終突破板塊，並在幾百萬年內迅速地穿過地函。在模擬中，這團熱柱攜帶的熱物質遠遠超過傳統的熱柱，並在地函中形成熾熱的軟岩石蘑菇雲，將導致大面積的地表火山爆發。

啟動超級熱柱的另一種情況與隱沒的板塊有關。低密度的板塊停止在上地函底部，直到礦物發生相變，成爲高密度結晶，並迅速沉至地核—地函邊界。把原本在下地函底部的大量熱物質擠上來，形成超級地函熱柱。

磁場扭曲

這個故事還有另一個支線，延伸到地球的核心。白堊紀的超級噴發從攪動的外核中帶走相當多物質，可能使一些更混亂的磁場擾動平靜下來，導致接下來 4000 萬年的時間裡沒有磁極反轉。

濃縮想法
地函熱量在超級熱柱中升起

12 地殼和大陸

地球表面覆蓋著相對較薄的一層冷硬岩石，稱為地殼。它支撐並提供文明的所有原始素材。地殼、空氣和水交織，形成時而熱烈的交互作用。而地殼也給了我們窺視地球內部運動過程的表面線索。

從太空看地球，兩種截然不同的表面立即顯現出來：巨大的藍色海洋，和構成大陸的，較小但依然吸睛的陸塊。它們反映了地殼的兩種迥異形式：海洋地殼與大陸地殼。海洋地殼通常只有約 7 公里厚，幾乎完全由火山玄武岩組成，上面舖有薄薄的沉積物。在地質學上，所有的海洋地殼都很年輕，不到 2 億年。

碎片的筏

與海洋地殼相比之下，大陸地殼的組成是一團混亂。就像廢料場裡被壓成一塊塊的立方體的金屬塊一樣，岩石層被擠壓、折疊和扭曲變形。這是地球表面長年積累的碎屑。然而，大陸的核心陸塊確實非常古老，達 40 億年。周圍是積累的侵蝕和沉積碎片，火山和大陸沉積物。

最終，海洋和大陸地殼都會因地函岩石的熱度而部分熔融。但是海洋地殼含有更多的矽酸鎂和鐵，因此顏色更深且密度更大。當地殼充分冷卻後，密度便大到可下沉到地函中。但是，大陸地殼就如水上的軟木塞一樣永不下沉，它含有低密度的矽酸鹽類，如矽酸鋁等。在大陸地殼上半部分，其平均成分類似花崗岩（granite）。地殼下部較無研究，知道它們的平均組成類似玄武岩。

時間線 達特穆爾花崗岩的形成史

3.1 億年
地殼深處部分融化產生花崗岩岩漿

3.09 億年
經過周圍岩石上升的花崗岩形成巖基

2 億年
伸縮縫和熱液在花崗岩中產生裂縫沉積礦脈

玄武岩

玄武岩是地殼中含量最豐富的岩石，在其他岩質行星上或許也是如此。它構成了大洋底的大部分地殼，也構成大陸地殼的底盤。玄武岩是由上地函岩石的部分熔融產生的，形成了約 50% 的石英、斜長石和輝石的混合物。黑色磁鐵礦的痕跡使其幾乎呈黑色。其細微紋理是火山噴發後迅速降溫的結果，通常出現在海底。輝長石是一種組成相似的粗粒岩石，有時在海洋地殼底部發現，或作爲板層注入其他岩石中，導致較慢的冷卻和較大的晶體。

大陸的增長

加拿大，格陵蘭島，澳洲和南非，擁有超過 30 億年歷史的古老岩芯，但大多數的大陸物質都比這更年輕，這或許是因爲保存率而不是形成率。大陸可以透過多種方式增長。地函熱柱可能會在大陸下方升起，但是無法突破地殼，因此最終玄武岩層將鋪滿整個大陸底部。如果濕潤的海洋地殼潛入大陸之下，水有助於部分熔岩融化，形成像安地斯山脈和美國西北部的火山環帶。在此過程中產生了稱爲安山岩（andesite）的火成岩。沉積物形式的再生大陸物質可以在大陸邊緣累積。但是大陸地殼上層最常見的岩石還是花崗岩，佔其中的 80%。

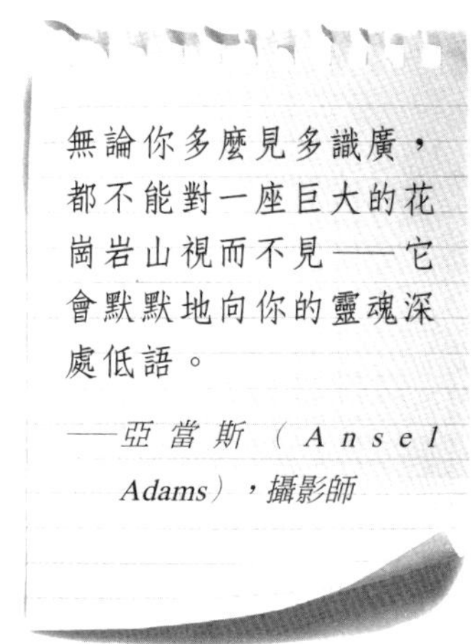

花崗岩山的崛起

花崗岩是由大陸地殼深處岩石的部分熔融形成的。透過地函熱柱的熱量，或接觸大陸底部的熱玄武岩層，都會使岩石熔化。花崗岩富含二氧化矽（石英），使流動的花崗岩變得非常黏稠。過去人們一直以爲，在每個大陸上都可發現的巨大花崗岩穹頂結構，需要花費數百

4000 萬年
周圍的岩石被侵蝕， 熱帶氣候強化了化學風化過程

200 萬年
冰河時期導致花崗岩被物理風化成圓石塊。冰川帶走了周圍的土壤

現在
圓形的花崗岩突岩成為壯觀的地貌特徵

萬年的時間才能堆積抬昇，但現在發現可能並非如此。花崗岩形成時，首先融化的礦物是含有最多水的礦物，可以潤滑熔岩並使其流動更加順暢，因此可以鑽過小型岩縫，並提供大量的熔岩。因此，目前認為花崗岩侵位現象可能發生在數千年的極短地質時間內。

花崗岩進入淺層地殼，形成巨大的穹頂結構，稱為巖基（batholiths）。因為它們如此之大，其中的岩石冷卻速度很慢，使礦物有時間形成大晶體，讓花崗岩成為一種流行的裝飾性建築石材。英國著名的花崗岩來自坎布里亞郡的夏普菲爾（Shap Fell）和德文郡的達特穆爾（Dartmoor），但其他陸地上有更大的岩層，如秘魯沿海山脈的巖基就長達1,400公里。

花崗岩

花崗岩是大陸地殼中最豐富的岩石類型，由地殼岩石的熔化，或熔融玄武岩的分級結晶所形成。在後一種情況下，濃密，深色，富含鎂的礦物質的晶體沉澱下來，留下含二氧化矽的岩漿。由於注入周圍岩石的熔融花崗岩的侵位或稱深成岩（plutons），其體積很大，因此會緩慢冷卻，產生含有豐富石英的粗結晶岩石，以及長石和深色礦物，如片狀黑雲母（biotite）或角閃石（amphibole）。

水扮演的角色

濕潤礦物最先融化形成花崗岩，結合上地函中形成玄武岩的類似過程，使大陸地殼根部的剩餘岩石變得更乾，堅硬和強固。結果使大陸地殼的基部深入地函。就像冰山一樣，隱藏在地函的比在上面看到的更多；山越高，基底越深。

此外，只要任何地方有水，都會形成花崗岩等大陸岩石。地球因擁有海洋，因此也有大陸，而地表乾燥的金星沒有。一個活躍的行星絕不會是一個完全被水覆蓋的世界，因為只要有水，就會有大陸升起。

濃縮想法
巨大的大陸漂浮在地表

13 板塊構造

如果 20 世紀有哪個關鍵的想法改變了我們對地球的理解，那絕對是關於板塊構造。不僅是大陸漂浮在地球表面那麼簡單，還關於它們如何運作，以及為什麼如此運作的完整理論。

大陸拼圖

當 18 世紀，合理準確的世界地圖出現以後，人們就會開始注意到西非海岸和南美洲東海岸之間的形狀相似。但是，以人類的時間尺度來看，岩層似乎非常堅硬，而且大陸又如此巨大，以至於一提到大陸曾經連接在一起而後分裂的想法，就會變得十分荒謬可笑。甚至有人暗指，是整個地球都在膨脹，而不是大陸漂移！

大陸漂移

直到 20 世紀，一些地質學家如韋格納等人，才開始認真考慮大陸漂移的可能性。但他們仍然是少數。當時對地函的一般理解是，地函太堅硬而不允許大陸像海上的大船一樣漂浮於其上。

當時已負盛名的霍姆斯，在他 1944 年的經典教科書「*物理地質學原理*」中，提出了一種大陸漂移機制：地函雖然是實心的，但可以在地質時間尺度上流動，靠對流帶動大陸漂移。而南非的托特（Alex du Toit）展示了圍繞大西洋兩側的地質結構如何明顯吻合，就像把一張完整紙片撕成兩半的邊緣般。而化石證據也表明兩個大陸曾一度緊密相連。彼時，大陸漂移的想法仍未被廣泛接受。

時間線

18 世紀
大西洋的第一張精確地圖顯示兩側大陸的形狀相似

1858
史奈德 - 佩萊格里尼（Antonio Snider Pellegrini）描繪了南美洲和非洲大陸的契合情況

1910
美國的泰勒（Frank Taylor）表明大陸在地球表面移動

1912
韋格納提出了大陸漂移理論

韋格納 ALFRED WEGENER，1880-1930

韋格納出生於柏林，他對格陵蘭島進行了為期兩年的地質考察，據說他目睹了海冰的破裂，給了他大陸可以分裂的想法。西非和南美洲的契合地形說服了他，使他相信兩塊大陸曾相連；他還提出，如果用大陸棚邊界來組合，而不是以海岸線的話，則形狀將更爲吻合。他沒辦法提出一套使大陸能在堅硬岩石上移動的機制，故他的想法並沒有被廣泛接受。他死於另一次在格陵蘭島的探險。

如果南美洲和非洲之間的地形契合不是因為它們本來就在一起，那麼這肯定是撒旦為了讓我們沮喪而做的傑作。

——*朗威爾（Chester R. Longwell）*

板塊構造的理論在 1957 年的國際地質年會中迎來高潮。當時的海洋調查顯示，在每個大洋中心的中洋脊，竟像網球縫線般繞行整個地球（參見第 14 章）。與此同時，大多數地震的震央地圖顯示它們分布在線狀區域中，有時集中在大陸的邊緣。這些線條似乎標誌著覆蓋地表的一組固定板塊的邊界。

板塊構造

有七個巨大的板塊和一些其他比較小的，以及更複雜的小碎片出現在大板塊交界處。並非所有大陸海岸線都是板塊邊界，如非洲板塊向西延伸到大西洋中洋脊，並向東延伸到印度洋。這些板塊比單獨的地殼還要深得多，一直延伸到包括地函上層的剛性岩石圈。地函通常在海洋板塊下方 100 公里深，但在中洋脊處則幾乎接近地表。在古代大陸，或稱爲克拉通（craton）的內部，厚度可能達到約 300 公里。岩石圈的底部以及板塊構造的底部則不是那麼清楚，它沒有如莫氏不連續面般，在邊界處有明顯的地震波反射，但似乎是從堅硬的岩石逐漸破碎而過渡到軟流圈的軟黏性岩石。

1927	1944	1960	1963	1965
托特說明南非的岩石如何與南美洲的岩石相匹配	霍姆斯推測地函對流驅動大陸漂移	赫斯推測新的海底沿著中洋脊擴張	范恩與馬修提供海底擴張的地磁證據	威爾遜，摩根和麥肯齊建構板塊構造理論

超大陸

將板塊的運動向過去追溯，最後展現了一個非常不同的世界地圖。南部大陸聚集在一起，形成一個稱爲岡瓦納大陸（Gondwanaland）的大陸地，而北美洲則與歐洲和亞洲一起形成勞亞大陸（Laurasia）。在兩大陸間是忒提斯洋（Tethys Ocean），海域向東開放。它們共同組成了盤古大陸（Pangaea），這是韋格納在 1912 年提出的超級大陸。

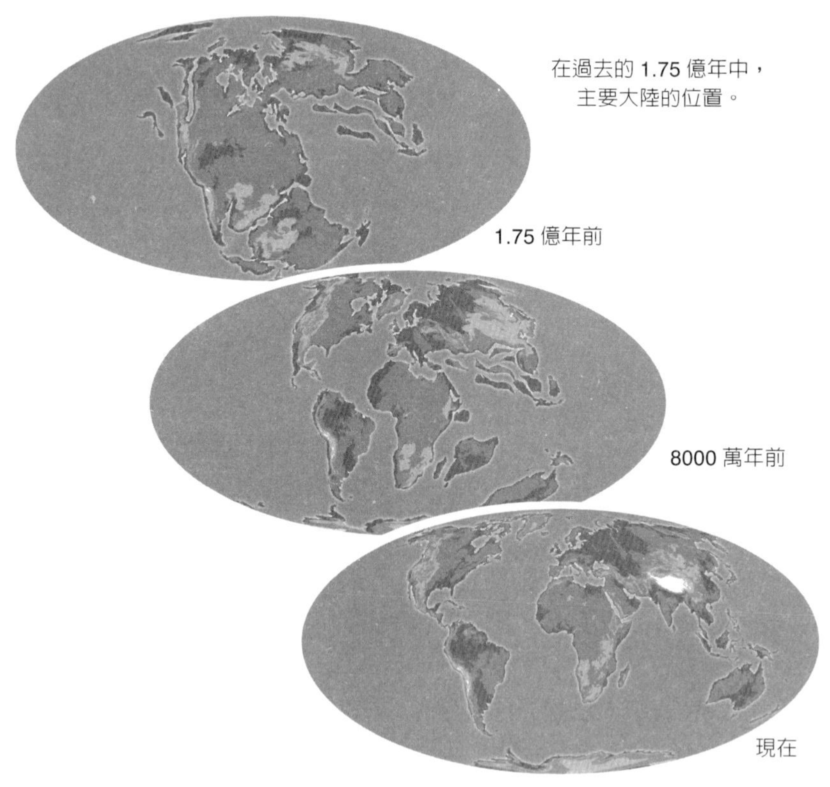

在過去的 1.75 億年中，主要大陸的位置。

磁極漂移

大陸的方向可以透過鎖定在岩層中的磁極方向追溯。地層裡的磁性物質與地球的磁場對齊，在熔化的岩漿冷卻後被固定在岩層中。我們都知道，地球的磁場有時會反轉，但多少會與地球的自轉軸保持一致，讓地質學家知道岩層形成時，在某大陸上哪個方向是指向北方。透過記錄連續層的磁極趨向，可以建立磁極漂移曲線（polar wandering curve）——除非磁極本身恰好在大陸上。

有時，不同大陸的岩層在某個時間的磁性會對齊，可以用來標記它們連接在一起的時間點。如非洲和南美大陸，大約在 1.9 億年前的侏羅紀早期連接在一起。

威爾遜 J. TUZO WILSON，1908-93

第二次世界大戰後，威爾遜在其家鄉加拿大的地殼演化方面做了重要研究，但隨後他對大陸在海洋漂移的證據產生了興趣。他認爲，如果太平洋海底一直在地函中的一個固定熱點上移動，那麼夏威夷群島及鄰近的島鏈可能因此形成。他以一個人躺在流動的水流中，用吸管吹泡泡來比喻這個概念。他繼續研究出板塊邊緣的三種主要類型，並爲板塊構造理論奠定了基礎。

大陸華爾茲

磁極漂移曲線使得追溯大陸運動可回到前寒武紀。在數億年的時間尺度上，各大洲似乎重複著合併又分開的循環，就像舞池中一直更換不合適的舞伴那樣。此稱爲威爾遜循環（Wilson cycle）。

在每個週期中，大陸的形狀略有不同。有時它們會分開，有時會相互碰撞，在碰撞區域形成巨大的山脈。在與亞洲相撞並形成喜馬拉雅山之前，印度需要在忒提斯洋上進行 1 億年的旅程。非洲在阿爾卑斯山所在的歐洲，西班牙向法國方向移動，加入庇利牛斯山脈。我們將在稍後的造山運動中解釋這點。

濃縮想法
移動的大陸

14 海底擴張

海洋覆蓋超過地表百分之七十。我們在海灘蓋渡假村，游泳、潛水和釣魚，但很少潛到陽光無法到達的幾十米深處。除此之外，還有一整個等待探索的海底世界，其中包含了地球如何運作的線索。

開闊的大洋平均深度超過 4 公里。在 19 世紀中期，在鋪設第一條跨大西洋電報電纜之前，開始利用船隻測量北大西洋。他們在中途發現了一系列位於深海平原上方，超過 2,000 公尺高的山脈（儘管山頂仍遠在海浪下方）。山脈似乎形成了一個雙脊，而在山脊之間有裂縫。

地球上最長的山脈

直到 1950 年代，當美國和英國海軍想要在海底探測潛艇可能隱藏的地方時，才正確繪出中洋脊系統的全部範圍。爲了測量深度，測量船配備了聲納——比把重物綁繩子丟進海裡的測量法快多了！結果發現，中洋脊系統沿著大西洋中部的方向延伸，穿過印度洋並進入太平洋。總而言之，它是地球上最長的山脈，長達 70,000 公里，像網球縫線一樣蜿蜒在地表。

地殼的形成

大西洋中洋脊沿著海洋中部向左右延伸，反映了兩邊 2000 公里遠處等距的海岸線，這似乎不僅僅是巧合。1960 年，地質學家和前美國海軍上尉赫斯（Harry Hess）得出了一個明確的結論：當大西洋擴張

時間軸　大西洋擴張史

1.8 億年	1.2 億年	6300 萬年
北美開始從歐洲和西非分離	南大西洋開始擴張	蘇格蘭西北部（含格陵蘭）火山爆發，使格陵蘭與歐洲分離

並且將兩邊的大陸分開時，中洋脊就是新海洋地殼的來源。

> 整個世界是地質學家偉大的拼圖盒，站在它面前，就像個孩子一樣，拼圖的各個部分仍然是一個謎，直到發現拼圖間的關係並看到適合放置的地方，於是碎片立刻變成連接的畫面。
>
> ——*阿加西斯（Louis Agassiz）*

磁帶

由劍橋大學的科學家范恩（Fred Vine）和馬修（Drum Matthews）找到的證據。他們在大西洋中洋脊上來回拖曳敏感磁力計，繪製出鎖定在火山岩中的磁場。每隔幾十萬年，地球的磁場就會反轉，他們在山脊兩側的岩層中發現了正常和反向磁化的交替條紋。

兩邊地殼的磁性帶互為鏡像，當它們從中洋脊往兩岸移動時，岩層逐漸變老。這個證據最終說服了某些懷疑大陸漂移假說的人，並最終形成板塊構造理論。

中洋脊的剖析

熱地函岩石從中洋脊下方升起。在約 100 公里深處，其中一些開始融化，上升形成新的玄武岩海洋地殼。沿著中洋脊的火山噴發非常溫和，枕狀玄武岩從裂縫中滲出，像巨大的黑色牙膏一般。火山沿山脊裂縫爆發，兩側的海底山脈被抬高，部分原因是被下方的熱地函所抬升，部分原因是岩石自身仍然很熱。當岩層遠離中洋脊後，岩石冷卻，下沉和收縮，海底又恢復到正常深度。

在彎曲的球體表面上很難有直線，因此沿著脊線發現了許多大型水平錯動，或稱為轉形斷層（transform fault）。

5600 萬年
在海洋地殼下方注入的岩漿短暫地將北大西洋的部分地區提升為陸地

2000 萬年
在中洋脊的地函熱柱開始形成冰島

現在
大西洋的寬度約為 4,000 公里，以每年 4 公分的速度擴張

未來的洋脊？

印度洋中洋脊的一個分支在阿拉伯半島下方延伸並進入紅海，它本身可能是一片擴張不成功的海洋或尚未形成的海洋。在那一點上，洋脊分支往陸地上延伸進入衣索比亞，並沿著東非大裂谷行進。在這個區域，岩漿由非洲超級熱柱的一個小分支供給，並且存有許多火山。北部是達納基爾窪地 (Danakil Depression)，這是位於厄立垂亞和衣索比亞的一個低於海平面的地區，大陸似乎正在分裂。這可能是新海洋將形成的第一個跡象。

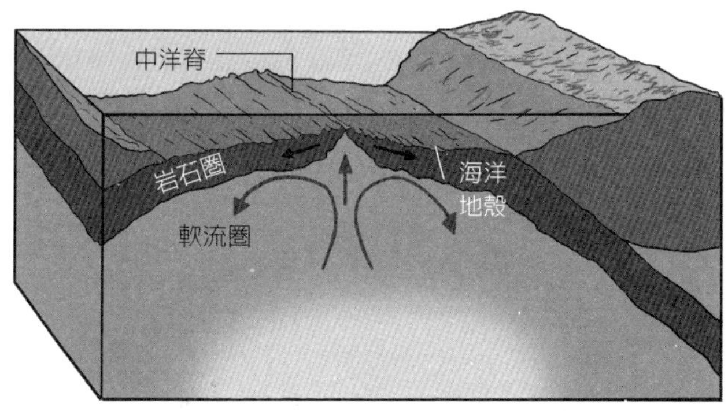

從地函上升的岩漿在中洋脊上形成新的海洋地殼。新的地殼和下潛的硬地函岩石圈從較軟的軟流圈中洋脊中移出。

黑煙囪

新的海洋地殼中含有大量的水，滲透進岩石裂縫和毛孔。當礦物通過岩層時，會加熱，溶解礦物，並從海底熱泉的噴口噴出。富含礦物質的水沉澱出硫化物礦物，看起來像是水中的黑煙，在噴口周圍搭建了堅固的煙囪。這些被稱爲黑煙囱（black smoker），這裡的水溫可以高達350℃，但在極大壓力下並不會沸騰。使賴以求生的細菌和較大的生物在化學能的危險平衡下保持生存。

眞正的亞特蘭提斯

冰島存在於地函熱柱與大西洋中洋脊交會處。5600 萬年前，隨著北大西洋的開啟，這一支熱柱似乎已經爆發了。但這裡的岩漿不夠熱，不至於發生大規模的火山爆發，相反的，它在岩石圈下面注入了大量的物質，抬升了海底。劍橋科學家對占地 10,000 平方公里的海底地形進行了地震勘測，發現海岸線，丘陵和山谷的地貌痕跡，清楚地說明這塊地面曾經在海平面以上。岩芯樣本也找到了來自森林的花粉和褐煤。一兩百萬年前，整個北大西洋一定曾是陸地。今天，此地位於 1000 公尺的海洋之下，還有厚達 2000 公尺的沉積物。

挑戰者號遠征

1872 年，英國海軍科學船挑戰者號（HMS Challenger）開始了世界上第一次科學的海洋探險。在接下來的四年裡，她航行了 130,000 公里，進行了深海探測、海底挖掘及海洋溫度探測，並對 4,700 個新物種進行了編目。進行深度測量的地點包括西太平洋關島附近的馬里亞納海溝，所記錄的深度爲 8,182 公尺——只比現在已知的 10,900 米的深度少一些，後來就把這世界海洋的最深點被命名爲挑戰者深淵（the Challenger Deep）。

濃縮想法
海底從中洋脊擴展

15 隱沒

新的海底正在形成。大陸正在漂移，但並未就此消失。地球沒有變大，因此必須有一種擺脫舊地殼的機制。此稱為隱沒（subduction）。板塊完成了地函循環，沿途拓展了大陸的邊緣，並形成了火山噴發的弧線。

地球上沒有超過 2 億年的海洋地殼，大部分連 1 億年都不到。這是因為海洋岩石圈板塊在冷卻和擠壓時變得越來越緊密，直到它不再有足夠浮力漂浮在熱的上地函上，於是便開始沉降。

海溝

當沿著海底遠離中洋脊，穿過深海平原，最後從深四千公尺的平坦平原邊緣陡降，直達 10,000 公尺深的海溝。在那裡，板塊開始俯衝向下，可以透過移動時引發的地震來探知。隱沒過程進行的速度大致與中洋脊產生海洋地殼的速度相同——每年在 2 到 10 公分之間，與指甲生長的速度大致相同。

起初，海洋板塊以約 30 度的角度下降。一旦超過 100 公里深，熱量和壓力將玄武岩轉變爲榴輝岩（eclogite）的高密度岩石，並且急速下潛。隨著板塊變熱和軟化，地震將不再發生，但依然可以從其他來源的地震波來追蹤。最終，板塊在上地函最深處，約 660 公里處停滯。

火山弧

海洋地殼不會輕輕地離開。在海底下 1 億年後，整個地殼是濕潤

時間線　過去的海洋

6.5 億年
盤古大洋（Panthalassic）擴張，分離南極洲和澳洲北部，加拿大和西伯利亞南部

4.2 億年
在北美和北歐之間的依阿帕特洋閉合

3.65 億年
北美洲、南美洲和佛羅里達州間的瑞克洋（Rheic Ocean）閉合

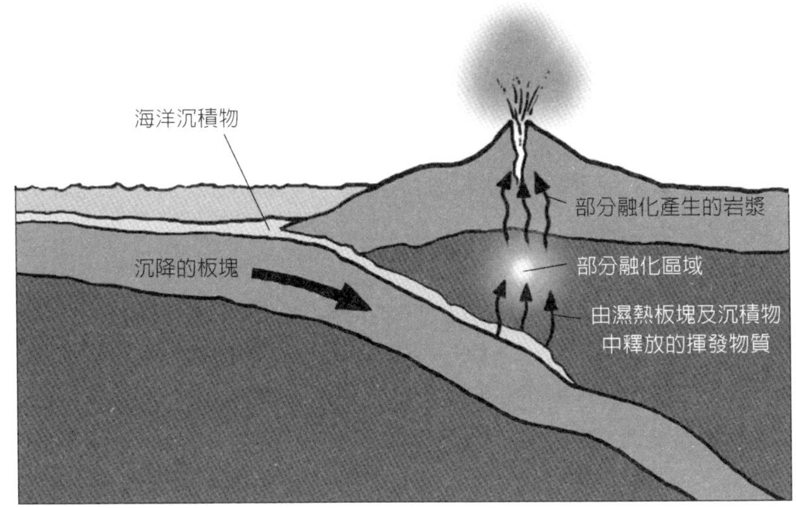

由於海洋岩石圈隱沒帶，包括水在內的揮發性成分會導致岩石部分融化和地表火山爆發。

的，主要是孔隙中的水和礦物中化學鍵合的水合物。當板塊沉降和變熱時，水被驅離晶格，並穿透上面的岩層，降低這些岩層的熔點。這會在隱沒帶上方形成一連串的火山。如果海洋岩石圈隱沒在另一個海洋板塊之下，就會產生火山島弧，例如在西太平洋的火山島弧（台灣島也包含在內）。

在大陸地殼下的隱沒帶，火山弧形成了陸地上的山脈，如南美洲的安地斯山脈和奧勒岡州、華盛頓州的一連串瀑布群。這些火山鏈構成了環太平洋火山帶。

未來的隱沒帶

海洋地殼不可能永遠存在。大西洋板塊仍然被認爲是歐亞、非洲、北美洲和南美洲板塊的一部分，但最終，這些大陸邊緣最古老的海底

2.8 億年	1.8 億年	1.2 億年	5000 萬年
忒提斯洋擴張，分離印度、澳洲和西藏	大西洋開始擴張	南大西洋開始擴張	忒提斯洋閉合

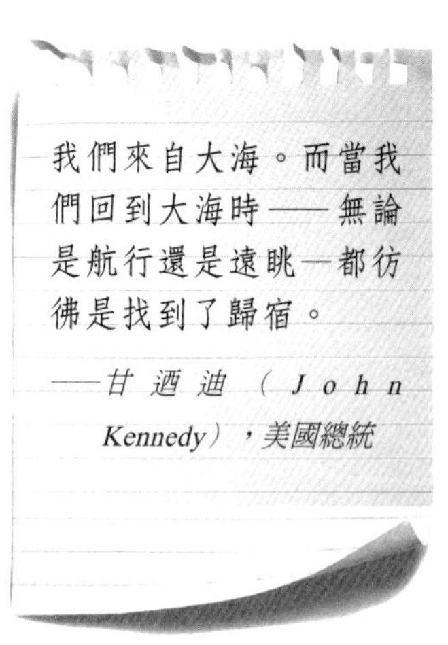

部分將開始隱沒，這個過程已經在西大西洋開始。在那裡，較大的陸塊遇到了幾塊較小的板塊，形成了加勒比海的波多黎各海溝（Puerto Ricon trench），和南美洲與南極洲之間的南三明治海溝（south sandwich trench）。

未來，在約 1.5 億年後，大西洋將再次開始閉合，而在大約 2.5 億年內形成一個新的超大陸，繼續威爾遜循環。

當海洋板塊隱沒時，並非一切都被吸入地函中。一些累積的海洋沉積物可以從下方板塊的頂部被刮下，並積聚在上板塊的邊緣，即所謂的增生柱（accretionary prism）。這是大陸增長的方式之一，也是在陸地上發現海洋化石的成因之一（另一種成因是在大陸被淹沒時，在淺海中直接沉積）。

失去的海洋

過去的大洋在大陸碰撞時已經不存在了。最近和最著名的是侏羅紀的忒提斯洋。隨著非洲和印度潛入歐亞板塊，忒提斯洋的海床向北隱沒。由地震層析成像顯示，板塊碎片仍繼續下降到地函中。從忒提斯海床上所刮下的沉積物，在今日形成了阿爾卑斯山脈和喜馬拉雅山脈的部分山麓。忒提斯洋的中洋脊位於塞普勒斯，沿著山脊沉積的豐富銅礦石，有助於為青銅時代的發展提供原料。

貝尼歐夫 HUGO BENIOFF，1899-1968

貝尼歐夫是在加州理工學院工作的美國地球物理學家，是一位傑出的儀器設計者，他發明的地震儀今天仍在廣泛使用。1945 年，他在加州使用由十個地震儀組成的連結網來確定在新墨西哥沙漠中首次原子彈試爆的位置。往後繼續與日本地震學家和達清夫（Kiyoo Wadati）一起繪製西太平洋島弧下方小地震的位置圖。他們發現地震帶在島嶼下方，以大約 30 度角向下傾斜。現在我們知道，這條和達－貝尼歐夫帶（Wadati–Benioff zone）標誌著海洋板塊隱沒的位置。

大陸在古海洋閉合後發生碰撞的區域稱爲縫合帶（suture zone）。蘇格蘭南部高地標誌著一個這樣的區域，即依阿帕特洋（Iapetus）的遺跡，在 4.2 億年前閉合。今天，該地區可以在從英格蘭到蘇格蘭的短途公路穿過；但在 5 億年前須駛過汪洋大海，且今天的蘇格蘭人將屬於美國。在兩大陸塊之間是阿瓦隆尼亞（Avalonia）島，其中部分地區今日位於英格蘭西南部，紐芬蘭和新英格蘭。

化石莫霍面

古老、冰冷的海洋地殼通常會在隱沒帶沉降回地函。但是在少數情況下，有部分會再被抬高和侵蝕，因此地質學家可以檢查莫霍面的化石部分，這些稱爲蛇綠岩（ophiolites）。在阿拉伯半島的東部邊緣有一個很好的例子。這塊地層代表了白堊紀時期的一段海底，顯示出淺色的輝長岩，覆蓋著深色密集的橄欖岩，但界線並不清楚。在幾公尺的間隔內，兩種岩石類型的岩層在幾公分厚的礦脈中相互交錯。現代地震反射技術，揭示了現今的莫霍面具有類似的複雜性。

濃縮想法
隱沒帶和海洋地殼下潛

16 火山

火山是地表上展現地球內部的熱力與能量的最壯觀景色之一。火山曾被認為是地獄的煙囪或龍的巢穴，它所扮演的角色，可以從壯觀的旅遊景點到致命的爆發，摧毀城市，擾亂地表和改變氣候的破壞者。火山活動可以被研究，理解甚至預測，但從未被阻止過。

由前面的章節我們已經知道，地函中的變化過程可能產生火山，其中包括中洋脊下，形成新玄武岩地殼的溫和上湧，或來自地函熱柱的大量熔岩，以及隱沒帶以上的濕岩漿造成更劇烈的爆發。讓我們更仔細地看一下這些火山的結構。

夏威夷火山旅遊

夏威夷群島位於地函熱柱頂部，太平洋板塊正在穿過熱柱，因此產生一系列島嶼和海底火山，延伸到西北方向，我們繪製了 8000 萬年間的移動軌跡，發現約 4800 萬年前，行進方向明顯開始偏北。

若從海底開始計算，夏威夷大島的高度要再加個五千公尺，是地球上最高的山。有兩個主要的火山高峰：冒納凱雅火山（Mauna Kea），它是國際天文台的所在地，推測是死火山，以及冒那羅亞火山（Mauna Loa），最近一次噴發在 1984 年。它的側面是基拉韋亞（Kilauea）火山口，自 1991 年以來幾乎每年噴發。東南海岸是最年輕的海底火山羅希山（Loihi），它還沒有冒出海面，但將來可能成為下一個夏威夷島。

時間表　著名的火山爆發

210 萬年	西元前 68000 年	西元前 1627 年	79	1707	1815
黃石火山爆發：產生比 1980 年聖海倫火山多 2500 倍以上的火山灰	印尼多峇火山爆發：早期人類幾乎滅絕	希臘聖托里尼火山爆發，導致米諾斯文明的衰落	義大利維蘇威火山爆發：摧毀龐貝城	日本富士山	印尼坦博拉火山爆發：火山灰塵造成翌年的「無夏之年」

上升的地函岩石開始在地表下約 150 公里深處熔化，在那個深度，壓力使得只有大約 3% 或 4% 的岩石熔化，並產生流動性的玄武岩熔岩，是典型的盾狀火山，具有長而寬的熔岩流。

因爲岩漿流動性高，逃逸的氣體將導致熔岩噴泉而不是爆炸，因此這類火山爆發通常夠安全，遊客可從火山口邊緣的觀景台觀看。熔岩流可以行進相當長的距離，有時在流往大海的過程中還會阻擋道路。

火山岩

火山岩的性質取決於它們的成分，如何噴發，包含多少氣體，以及它們冷卻的速度。快速退火會產生一種叫做黑曜石（obsidian）的火山玻璃。在氣體逸出之前就冷卻的熔岩帶有氣體，會產生浮石——輕到可以漂浮的石頭。粉碎的岩石可能會以灰燼或殘渣的形式落下，但如果它落地時仍然夠軟，則碎片會熔在一起，形成熔結凝灰岩（welded tuff）或中酸凝灰岩（ignimbrite）。較大的熔岩塊在空中飛行時冷卻，形成麵包皮般的炸彈雨；若他們著陸時仍然柔軟，會形成看起來像牛糞的石塊。熔岩流的表面可以覆蓋著有稜角的碎塊，這對路過的人來說絕不是好事。若熔岩上只有薄薄的一層在流動，則會形成繩狀紋理。

香檳火山

自然界中更爲暴力的是隱沒帶上的火山。供給它們的岩漿是在較淺處產生的，是更加富含二氧化矽的潮濕岩層。這使得岩漿更加黏稠，因此這種火山不能像夏威夷火山一樣如噴泉般流動。水和其他揮發物使岩漿更加不穩定。當岩漿升起並且壓力下降時，就像打開一瓶搖晃過，充滿氣泡的香檳酒。因岩漿太黏而不能讓氣體逸出，所以會導致爆炸性噴發，將火山灰和氣體一股腦噴到大氣層。這是小普林尼（Pliny）

1883	1902	1943	1963	1980	1991
蘇門答臘喀拉喀托火山爆發：摧毀全島，並觸發海嘯	馬丁尼克島培雷火山爆發：聖皮埃爾鎮被火山碎屑流摧毀	墨西哥帕里庫廷火山（Paricutin）：新火山出現在玉米田裡	冰島敘特賽島（Surtsey）：從海中冒出新的火山島	華盛頓州聖海倫火山：爆炸性噴發	菲律賓平納吐波火山：氣溶膠體雲使全球氣溫短暫下降

> 我回頭看著：一股茂密的黑雲籠罩在我們身後，跟隨著我們，就像洪水沖過陸地……火焰本身實際上已經停了一段距離，但是黑暗和灰燼又隨之襲來，這些雲看起來非常沉重。
>
> *——小普林尼，西元前79年*

火山解剖學

在西西里島，艾特納火山（Mount Etna）是一個複雜的火山，是被研究最多的一個。它只有25萬年的歷史，卻已經有3330公尺高，並且還在不斷長高。事實上，在過去50年裡，它似乎爆發得更頻繁，而且更具毀滅性。艾特納山由地函熱柱供給，但不是通過簡單的單個熔岩管道。峰頂周圍有多個火山口，從兩側的裂縫頻繁噴發。仔細監測山體如何膨脹和下沉，以及火山側翼重力的升降變化，可以監測內部上升的岩漿。艾特納火山太過巨大，以至於兩側都有坍塌的風險，從而導致更具災難性的噴發。

所見證的，西元79年維蘇威火山爆發，毀滅了龐貝城（Pompeii）和赫庫蘭尼姆鎮，他的叔叔也因此去世。

隱沒帶火山往往是成層火山（stratovolcano）：典型的錐形山峰，如日本富士山，是由交替的火山灰和熔岩層堆積而成。有時，灰燼雲被抬升到20公里高的平流層，並在整個大陸上下火山灰雨。有時，熱灰更重並使灰雲貼近地面，但在熱膨脹的氣體和蒸汽的作用下，其表現更像液體，以每小時數百公里的速度沿著斜坡滑行，吞沒了它經過的所有事物。這種致命的火山碎屑流又稱爲下熾雲（nuee ardente）。在1902年5月8日，馬丁尼克島的聖皮埃爾鎮（St. Pierre town），因火山碎屑流造成30,000人死亡。少數倖存者之一是一名被關在通風不良監獄裡的囚犯。

關蓋子

1980年5月18日，華盛頓州的聖海倫火山（St. Helens）發生了近代美國歷史上最猛烈的爆發。爆發前兩個月間，火山一直噴出灰燼和蒸汽，山的北側已開始驚人地膨脹。當地震引發山體坍塌時，火山中心的岩漿噴出，立即釋放壓力並以超過1,000公里的時速襲捲地表，並將樹木翻倒至30公里以外。體積達1.4立方公里的岩石被粉碎，並導致美國西北大部分地區的落塵達10公分厚。

火山和氣候

火山氣體和火山灰對地球氣候有重要影響。最近的例子是冰島的埃亞菲亞德拉火山（Eyjafjallajökull）在 2010 年的爆發，造成了歐洲西北部的空中交通暫時中斷，因粗顆粒的懸浮火山灰可能對飛機引擎造成損害。火山灰雲的產生是因爲火山在冰川下噴發，導致岩漿與融冰的劇烈反應，但影響時間並不長。

1991 年，菲律賓平納吐波（Pinatuba）火山爆發，向天空散布了大約 10 立方公里的灰燼，還有 2000 萬噸二氧化硫。灰燼到達平流層並往全球蔓延，產生了一股細微的硫酸氣懸膠體霧靄，導致接下來兩年內全球氣溫下降 0.5 度，同時臭氧層消耗亦大幅增加。

過去更大型的火山爆發可能產生巨大影響。7 萬年前，早期人類幾乎滅絕，當時恰逢印尼的多峇（Toba）火山大爆發。而 6500 萬年前在印度發生的大規模火山噴發，和 2.5 億年前造成西伯利亞暗色岩的噴發，可能導致當時大規模物種滅絕。

濃縮想法
熔岩的威力

17 地震

大陸板塊以萬鈞之勢漂移在全球各地，但板塊間的接觸並不是那麼的平滑。有時板塊會卡住，而有時板塊可能會突然錯位，造成大地震動。大陸下次將在何時何地滑動，以及錯動的頻率，是地質學家欲努力回答的問題。

利用全球定位，雷射測距或無線電天文學的最新技術，可用毫米精度去追蹤板塊的相對運動。但那只是板塊中間的情形。越接近邊緣，情況變得越混亂。板塊邊界很少整齊分布或成一直線：裂縫或斷層被壓在其他斷層之下；多個斷層可能相互平行，或者分支和分裂。擠壓可以停滯幾十年或幾個世紀，然後突然釋放被壓抑的壓力，造成毀滅性的地震。地震可在幾秒鐘內使陸地錯位數十公尺。

聖安地列斯斷層

世界上最著名的斷層之一是加州的聖安地列斯斷層（the san Andreas fault）。事實上，它是一個複雜的斷層網路，貫穿舊金山中部，向南穿過洛杉磯背面的山丘。太平洋板塊相對於北美板塊向北移動。再過 2000 萬年，洛杉磯將與舊金山比鄰。

1906 年，舊金山遭受了一場毀滅性的地震，再加上隨後發生的大火，幾乎毀滅了整座城市。此後發生了許多較小的地震，其中一些是嚴重的，例如 1989 年舊金山附近的洛馬普塔（Loma Prieta）地震。但加州仍可能會發生一場「大地震」。

時間表　歷史上的大地震，規模和死傷

526	1556	1730	1737	1755	1906	1908
土耳其安提阿，約 25 萬人	嘉靖大地震，在中國陝西，造成 83 萬人死亡	日本北海道，13.7 萬人死亡	印度加爾各答，30 萬人死亡	葡萄牙里斯本（多達 10 萬人死亡，其中許多人死於海嘯）	舊金山，規模 7.8，超過 3000 人死亡	義大利梅西拿，規模 7.1，12.3 萬人死亡

震級

地震可能發生在數百公里內的任何深度。實際斷裂的中心稱爲震源，投射在地球表面的點是震央。今天，地震的嚴重程度被稱爲矩震級（而不是舊的芮氏地震規模，儘管兩者大致對應）。它是岩層滑動量、滑動面積和岩石剛度的函數。代表震源處釋放的能量，而對地表造成的破壞也取決於深度。矩震級是對數尺度，在尺度上高兩個的數字的地震強度，代表強度增加了 1,000 倍。

太平洋板塊隱沒帶

日本也在戰戰兢兢地等待。在日本，大多數地震都是由於太平洋板塊在東海岸下方隱沒所造成的，這使得其地震頻率超過了平均值。1923 年的關東大地震造成 143,000 人死亡。而 1995 年的神戶大地震造成 6000 多人喪生，但 2011 年 3 月發生的東北地方大地震，和接踵而至的毀滅性海嘯，是現代最強大的地震災難之一，奪走 2 萬多人的生命並造成了嚴重破壞，損失達數千億美元。

預測無可避免的地震

我們很容易預測地震將發生的地方：只要看一下板塊邊界的地圖就行了。但更難預測的是：地震什麼時候會發生？儀器有時可以告訴我們地殼壓力在哪裡累積，歷史記錄可顯示斷層的何處已長時間沒有錯動。幸運的是，地震學家可以告訴你，十年之內這裡是否會發生大地震。但即使他們確信這一點，地震在明天發生的機會仍然只有 1/3,650，而這不足以成爲引起恐慌或要求撤離的理由。

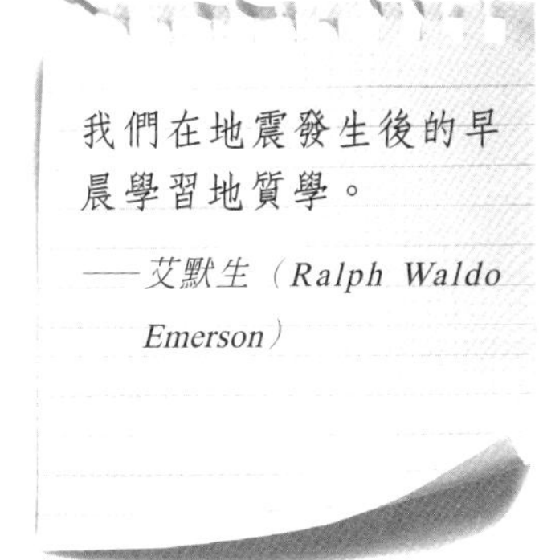

1923	1960	1964	2004	2010	2011
日本關東大地震，規模 7.9，14.2 萬人死亡	智利大地震，規模 9.5，3000 至 5000 人死亡，有紀錄以來最大的地震	阿拉斯加威廉王子灣，規模 9.2，131 人死亡	印度洋大地震，規模 9.1，23 萬人死亡	海地，規模 7.0，22 萬人傷亡	日本東北大地震，規模 9.0，超過 2 萬人死亡

抗震建築

但是仍有很多措施可以預先準備。有時候，殺人的是建築物而不是地震。日本和加州現在都有嚴格的建築規範，以盡量減少建築物災難性倒塌的風險。然而，在其他地震多發地區，如亞洲，南美甚至歐洲部分地區，準備情況也不太理想。1988 年，亞美尼亞地震造成超過 10 萬人死亡，表明了這一點。相比之下，在一年後加州洛馬普塔地震中，規模大致相同，但只有 62 人死亡。

一些沖積扇地區的特殊危害是土壤液化。如果地震震動了潮濕的沉積層，沖積土就會變成像流沙一般，不再能支撐道路和建築物。它們甚至可以放大地震波，就像在墨西哥城 1985 年發生的地震那樣。在城市中，土壤液化和地震本身很容易破壞瓦斯管和水管線路，爲大火災提供燃料並切斷滅火的手段。目前舊金山的瓦斯管線裝有智能控制系統，如果管線壓力過大，則會自動關閉瓦斯供應。

預警

很少有足夠的資訊來發布地震疏散警告，但是小地震頻率的增加可能代表了大型地震的前兆，此時應提前關閉有潛在危險的石油廠、化學工廠和核電廠，以及將救援車輛移出建築物。現在，我們甚至有能力在

地震前兆

預測地震的嘗試依賴於各種前兆，從奇異的民間傳說到合理的科學解釋都有。在地震發生之前，曾報告過許多動物的異常行爲，以及井中水位的突然變化。1975 年中國遼寧省的海城，在一場毀滅性地震發生前的幾小時，這些跡象被用來疏散民衆。但一年後的唐山大地震卻毫無徵兆，並造成 24 萬人死亡。科學家們監測了從岩石中逸出的氡氣（radon，Rn）濃度，並在礦物晶體被擠壓時尋找壓電效應（擠壓晶體時產生的電荷；用於打火機上）的微小閃光；而長波無線電波也被認爲是大地震發生之前的訊號。但這些似乎都不是可靠的指標。當斷層準備要裂開時，潮汐或強降雨也許能造成影響，但誰能知道斷層什麼時候準備破裂呢？

地震發生後，即時發出簡短警報。如果震央離城市很遠，無線電波可能比震波早幾分鐘到達。若是在海嘯發生的情況下，更可以在一小時或久之前預警。2004 年印度洋大海嘯造成可怕傷亡的原因之一，是因印度洋周邊的受災國家沒有如太平洋週遭國家般完善的預警系統。

濃縮想法
地震：不可避免也不可預測

18 造山運動

有時，大陸會迎頭相撞，巨大的岩石板塊不會輕易停止移動。事實上，在相撞初期幾乎沒有減速。當不可抗拒的力量碰撞像大陸板塊般難以撼動的物體時，在大陸邊緣將會發生變化。這些洲際交通事故造成了山脈隆起，並且可以延伸數百公里。

板塊邊界的收斂有三種主要類型：島弧，由海洋板塊潛入海洋板塊之下所產生，如阿留申群島；海洋地殼隱沒在大陸下方，形成部分的火山山脈，如安地斯山脈；和大陸與大陸相撞則創造了最大的山脈，如喜馬拉雅山脈（Himalaya）。

安地斯山脈

安地斯山脈是隱沒帶造山運動的最佳範例。不僅會產生一連串火山，噴發富含二氧化矽的安山岩，還會形成大量的花崗岩，侵入地殼並將地面抬高。造山運動始於1億年前的白堊紀，時至今日，地震和火山爆發仍正在進行。在德雷克海峽（Derek Passage）對面，山脈繼續往南極半島的山區延伸。在山脈東邊，地殼降低並產生沉積盆地，這可能部分是由於太平洋地殼隱沒時，將陸地向下拉動。

再往北的美國西部，情況更加複雜。隱沒的海洋地殼並沒有急劇下降，而山脈進一步延伸到內陸，包括一個更低窪的拉伸盆地，相當於內華達州大小，地殼在此處被拉伸。

時間線

主要造山運動時期

4.9-3.9 億年	3.5-3 億年	3.7-2.8 億年
北美與北歐碰撞，喀里多尼亞造山運動	非洲和北美洲碰撞，阿帕拉契山造山運動	北美與北歐碰撞，海西造山運動

非洲超級隆起

不僅板塊的水平擠壓可以改變地貌。南非洲已經有 4 億年沒有發生過大陸碰撞，但在過去的 3 億年裡卻一直在持續增高，目前它比水平漂浮在地函上高出大約 1.6 公里。答案在於前面所提的超級地函熱柱，它在非洲下方升起。非洲大陸已在這種高溫下端坐了 3 億年，被其下方上升中的地函熔岩向上推高。同樣的原理，被古老的隱沒帶板塊所牽動的大陸板塊，其遠離山脈的中部地區一定會有展開的海洋沉積層，由於拉伸而使大陸中部降至海平面以下。在地質時間尺度上，大陸就像軟木塞一樣，在如海波般的地函的上下沉浮。

洲際交通事故

8000 萬年前，印度從南部大陸脫離並向北漂移。介入忒提斯洋的地殼，並開始在亞洲板塊下方隱沒。3000 萬年前，各大洲紛至沓來，就像慢動作的連環車禍一樣，碰撞到今天仍持續。

海洋地殼密度夠高，足以隱沒，但大陸地殼不是。這就像試圖在水下按住軟木塞。或者用交通事故類比的話，就算汽車再怎麼矮，也不會陷進道路裡面。相反的，被覆蓋的板塊透過浮力抬升，不僅擴大了喜馬拉雅山脈的隆起區域，甚至還抬升了整片西藏高原。

印度和亞洲間的連接處，看起來就像是剛好有一個印度形狀的壓痕，把次大陸安放在那裏。但事實不是這樣。若用不變形的塊體滑進厚厚的濕黏土層中來模擬大陸碰撞，首先會在碰撞處形成交叉裂縫的網路，此

> 雖然目前看起來不可能……有一天，地震的理論應該能解釋山脈的起源……就如蘋果的掉落能於解釋月球的運動一般。
>
> *——萊爾，地質學原理，1830-3*

1 億年—現在

南美洲的太平洋板塊隱沒帶，安地斯山脈造山運動

4500 萬年—現在

阿爾卑斯和喜馬拉雅造山運動

外，部分黏土還會被擠壓到兩邊的空隙，稱爲地質構造脫逸（tectonic extrusion），此作用將中南半島（Indo-China）推向東方，直至現在的位置。

迅速隆起

從喜馬拉雅山的礦物中，可以看出它升起的速度有多快。花崗岩等地底形成的深成岩，在地殼中上升時會很快冷卻，因此，如果可得知岩石在過去不同時間時的溫度，就可以得知它隆起的過程。幸運的是，這是可能的。我們在第 4 章時曾說明鋯石形成時如何捕獲鈾原子，並利用其衰變成鉛的放射性時鐘定年。且鋯石結晶溫度要超過 1000℃，至少要 18 公里深。而其他礦物具有不同的結晶溫度：如角閃石（hornblende）爲 530℃，金紅石（rutile）爲 400℃，黑雲母爲 280℃。當鈾原子衰變時，會對包覆它的晶體造成微小損傷，但這種損傷會在一定溫度以上癒合，或稱退火（anneal）。磷灰石（apatite）退火溫度可低至 70℃，而鋯石約爲 240℃。對地質學家來說，所有岩石都帶有時鐘和溫度計。

這裡來談談關於喜馬拉雅山脈怎麼迅速崛起的故事。聖母峰及群山坐落在廣闊的花崗巖基上。在 2000 萬年前，只用了一百多萬年的時間，山脈以一年 2 公分的驚人速度，被抬升了超過 20 公里。這是大陸碰撞所能達到的，或許是西藏高原下層的高密度岩石忽然裂開並潛入地函，使西藏高原整個「彈跳」起來的結果。在山脈的某些地方，隆起到今天仍在進行。巴基斯坦的南迦帕爾巴特地塊（Nanga Parbat massif）仍在以每年 1 公分的速度上升。印度洋的沉積物也說明南亞季風在約 2000 萬年前才開始，因爲大氣環流受到新山脈的影響。

來自西藏的葉子

植物的葉子能作爲非常好的氣候指標。幾乎不管哪種植物，沙漠環境中的植物葉子皆是小而窄，而潮濕熱帶雨林中的植物葉子較大。允許大雨在不損壞葉子的情況下流走的鋸齒狀葉是另一個指標。來自西藏中南部的葉面化石表明，該地區是在約 1500 萬年前，由低處被抬升到現在的高海拔乾冷高度。

阿爾卑斯山崛起

由於忒提斯洋向西部的延伸閉合，並且在喜馬拉雅山升起的同時，義大利也正在撞向歐洲並形成阿爾卑斯山脈（the Alps）。雖然山脈仍然很壯觀，但相對喜馬拉雅山脈來說是個小山脈，因而易於調查。在山脈北部和南部，累積了厚厚的沉積物，在這兩者之間，上面的沉積岩被折疊得很厲害，並像鮮奶油一樣被扭曲。這被稱為推覆褶皺（nappa folds），它們像巨大的舌頭一樣向北方下垂，將較老的岩石帶到年輕沉積物之上——與正常的地層學規則相反。在隆起最高的地方，沉積物已被侵蝕，露出花崗岩和變質岩的結晶巖基。

濃縮想法
洲際褶皺區

19 變質岩

岩石可以被噴出地表或侵入地殼。它們被侵蝕，溶解並重新沉積在陸地或海底，也可隨著山脈被抬升。但那只是它們麻煩的開始。它們遲早會被埋藏在地下，被擠壓，烤熟和扭曲。最後生成了變質岩（metamorphic rocks），這些岩石只留下極少的原始岩石痕跡。

對於那些試圖追蹤最早大陸遺留，甚至試圖找到其中早期生命痕跡的人來說，變質作用是一種痛苦和障礙。一些科學家將此類岩石稱爲「面目全非」的石頭！但對於一個變質岩學家來說，這些紋理可以說明岩石形成後的詳細歷史。

高溫而低壓

岩石只因熱量的影響而變質的方式稱爲接觸變質作用（contact metamorphism），通常發生在淺層地殼，圍繞著侵入地層的火成岩（如花崗岩）產生。周圍的岩石，通常是沉積岩，被由花崗岩冷卻時的熱量所加熱。

其中一個後果是，水往往會被驅離，不論是沉積物中所含有的水，或是化學鍵結到黏土等礦物中的水。或者，水可被吸入熱的火成岩中，而這可能反過來導致另一種局部變化：熱液變質作用（hydrothermal metamorphism）。通常此作用不需要太高的溫度，在 70~350℃之間就已足夠。岩石中的礦物顆粒可能不會受到太大影響，但含水的熱材料會將它們黏合在一起，在其中產生礦脈。這就是安地斯山脈中，世界上最

變質區　依溫度和壓力區分

120℃	225℃	300-900℃	150-400℃	330-550℃
低壓：一些成岩作用固著沉積物	低壓：沸石	低壓：角頁岩	高壓：藍色片岩	中壓：綠色片岩

大的銅礦床，圍繞著侵入火成岩的產生方式；康沃爾（Cornwall）的高嶺土礦床也是如此形成的。

高壓而低溫

另一種會使岩石岩石短時間內發生巨大變質的，是衝擊變質作用（impact metamorphism）。在月球上，隕石衝擊較爲常見，大部分月球高地因撞擊而形變。衝擊可以將岩石局部熔化成玻璃狀碎片，甚至蒸發。而在地球上，較常見的是動態變質作用（dynamic metamorphism），此作用較像是擠碎岩石，並將它們再次熔接在一起，而當岩石受到極端剪切應力，例如在斷層帶時，會發生與衝擊類似的變質。這兩種變質作用都有岩石受力大但溫度較低的特性。

廣域變質作用

目前，最大的變質岩塊主要來自廣域變質作用（regional metamorphism），其中整個岩層序被深埋在地殼深處，並受到不同程度的熱量和壓力的影響，因而導致岩層依照所謂的變質相（metamorphic facies）來描述，在同一個變質相內的岩石可以具有各種原始成分，但都受到類似的熱和壓力條件的影響。

艾斯科拉 PENTTI ESKOLA，1883–1964

芬蘭地質學家艾斯科拉發明了變質相的概念——即根據變質岩的形成條件來識別變質岩，而不管變質前的原始岩石是什麼。在挪威度過了一年之後，他於 1920 年間，將當地的變質岩與其家鄉芬蘭的變質岩進行了比較，並發表了關鍵性的成就。他的成就廣受讚譽，使他在死後獲得了國葬禮遇。

地質廚房

由於今天我們能在壓力容器和熔爐中進行複雜的實驗，再加上理論計算，今日岩石學家對特定溫度和壓力下發生的變化，有了透徹的了

550-700°C	600°C	300-800°C	700-900°C
中壓：角閃岩	中壓：含水花崗岩熔點	高壓：榴輝岩	中壓至高壓：粒變岩

變質岩的形成沒有任何隨機性。不管哪種岩石，一旦埋得足夠深，並且時間夠長，那麼我們必須假設——沒有岩石可以逃脫這個過程，所有過去世界的記錄最終皆須消亡。

——*赫歇爾（Sir John Herschel）*

大理石

在地質上，大理石（Marble）是變質的石灰石或白雲石。大理石中的碳酸鈣或碳酸鎂已經再結晶，原有的沉積結構幾乎沒有留下來。純大理石是白色的，但通常具有富含鐵等元素的深色紋理。大理石一詞有時在建築界中更廣泛地使用，以描述適合雕塑的各種裝飾性建築石材。最著名的白色大理石來自義大利托斯卡尼的卡拉拉（Carrala）。這種石材在古典時期，因用作雕塑而備受推崇，是文藝復興時期雕塑家米開朗基羅最喜歡的素材，米開朗基羅用它製作了著名的大衛像。卡拉拉大理石也用在羅馬的圖拉真柱（Trajan's Column）、倫敦的大理石拱門（Marble Arch）和美國哈佛醫學院。

解，因此可計算出變質岩所經歷的地獄般的折磨。

以煮食物來比喻，可以當作學習變質過程的良好模型。例如，如果你正在製作聖誕布丁，並將混合成分放入壓力鍋中，則牛油粒會融化，並與麵粉一起在水果和果皮周圍產生水泥狀的基質。廚師們可以把冰糖加熱融化，與其他材料混合後結成新的晶體。

變質程度

首先會因熱量和壓力而變質的岩石是沉積黏土層、頁岩和泥岩。這些岩石大多是黏土礦物，其中含有大量的水，很容易被熱和壓力改變，因此產生的泥岩中的礦物是變質程度的良好指標。在低度變質區中的第一種礦物是綠泥岩（chlorite）。隨著熱量和壓力的增加，轉變給黑雲母，然後是石榴石（garnet）等。在變質作用間，頁岩可以轉成板岩，石灰石可以轉成大理石。雖然砂岩中的二氧化矽在高溫和高壓下的化學性質非常穩定，但會開始再結晶，並將礦物顆粒結合在一起形成石英岩（quartzite）。

變質紋理

變質岩可與其母岩發展出非常不同的紋理。壓力可使薄的扁平岩石顆粒在垂直於壓力的方向上排列，在這種情況下產生雲母片岩（mica schist）。即使是細粒岩石，如頁岩，也會形成變質紋理，變質後的板岩使頁岩的原始沉積構造改變，板岩之間裂開的方向（稱爲劈理，cleavage）通常與原始沉積層呈現完全不同的角度。

隨著溫度和壓力的增加，晶體可以延伸成線形結構。它們會開始熔化和再結晶，甚至使原始岩石究竟是火成岩還是沉積岩也難以分辨。

濃縮想法
由熱和壓力變質

20 黑金

除了陽光之外，我們使用的所有能源都來自地球。來自溫泉和鑽孔的地熱能，所有的核燃料，以及在家中、發電站和汽車中燃燒的煤、石油和天然氣，以及任何文明所倚賴的能源——全部都具有地質上的起源。

十多億年來，生命在地球上繁衍，吸收陽光並利用能量來產生複雜的碳氫化合物。許多被其他生物吃掉和回收，但最終它們的遺體將被埋沒，並且將慢慢轉化為化石燃料。

化石樹

在三億年前的石炭紀，大面積的陸地被森林及沼澤覆蓋。巨樹蕨類植物和蘇鐵類植物繁盛生長、死亡和腐爛。它們的遺體堆成了厚厚的泥炭層，隨後被埋沒和壓縮，最終變成煤。石炭紀的名字起源於煤礦和石灰石中，以碳酸鈣為主的大量碳沉積。

海底化石

石油的形成需要特殊條件。幸運的是，這些條件在過去非常普遍。第一個條件是要在充滿生命的淺海。隨著微生物死亡，運氣好的話，它們會沉入缺氧的環境，以幫助它們分解。最好的環境是沉積盆地，如北海海底。此地地殼被輕微拉伸，導致陸地下沉並積累越來越多的沉積物。結果發生了兩件事：首先，有機殘骸越疊越深，壓力也漸次提升；接著，被拉伸的地殼下方的地熱，使遺骸被加熱。埋藏沉積物中的活細

時間線　化石燃料簡史

西元前300年
最早的紀錄，古希臘人使用煤作為金屬冶煉

1775年
瓦特（James Watt）改進了蒸汽機：地下煤礦開採激增

1825年
商業石油生產始於俄羅斯

1908年
福特製造第一輛大規模生產的汽車

1920年
美國取代俄羅斯成為最大的石油生產國

碳儲存

由於政治家們正努力就減少燃燒化石燃料產生的二氧化碳排放達成協議，以限制氣候變化，因此地質學家正在探索從發電廠處理二氧化碳的方法。這些碳可能可以被深海海溝的高壓所固結。挪威沿海地區正在探索的另一個解決方法是將其再注入舊油氣井中。這方法或許能產生新的化石燃料，甚至有助於恢復石油和天然氣儲量。

菌也可能在石油和天然氣的形成中起重要作用。

產生石油和天然氣還要一個條件。碳氫化合物密度低，往往會透過岩石孔隙上升逃逸，因此需要能夠捕集這些化合物以便積聚。正好，黏土層或鹽層都可以實現這個目的，這些材料本身就會沿沉積層孔隙上升，並在上層積聚，形成圓頂結構，在這個圓頂下，石油和天然氣會被困住。墨西哥灣的石油層即以這個方式保存石油。

> 我們已經開啟了石油時代的最後日子。我們選擇擁抱未來並認識到對各種燃料日益增長的需求，或乾脆忽視現實，然後慢慢地，但肯定將面臨枯竭。
>
> *——包林（Mike Bowlin），英國石油公司董事長兼首席執行官，1999*

開採石油

石油工業爲地質的理解做出了巨大貢獻，特別是在相對較淺的大陸棚區域。石油探勘船有地震勘測技術可穿透沉積層，利用聲波可探測到相當的深度，並揭示其中的分層和結構。今天，探測船能夠以公分的精度保持在洋流和波濤洶湧的海面中的位置，不只能鑽出數公里深的鑽孔，還可以精確地水平轉向，以到達每個儲藏石油和天然氣的口袋層。

開採石油的回報驚人，但風險與之並存，隨著近海石油勘探進入更深的水域，風險也遽升。最大的危險是

1967 年
首個北海天然氣田開始運作

1984 年
礦工的罷工衝擊英國煤炭生產。煤礦陸續關閉

1988 年
聯合國政府間氣候變化專門委員會（IPCC）警告，燃燒化石燃料對環境的影響

2008 年
原油價格首次突破每桶 100 美元，十年內增加了十倍

井噴：口袋層突然釋放高壓氣體或石油。理論上，油井在海底鑽孔上方配備了精密且昂貴的防噴裝置，但在 2010 年 4 月的墨西哥灣，防噴裝置失效，造成深水地平線號鑽油平台（the Deepwater Horizon）引發了大爆炸並沉沒，造成 11 人死亡，並洩漏數百萬噸原油進入敏感的海洋環境。

石油峰值

「峰值」是達到全球石油開採最大速率的時間點，之後生產率下降，直到耗盡。我們可能已經達到了傳統石油和天然氣開採方式可提取的最大速率，但隨著燃料價格上漲，更多原本不具效益的邊際油床可能變得夠經濟，例如焦油砂（tar sand）和油頁岩（oil shale），碳氫化合物被困在其中而不能簡單被開採，但若將岩石以高壓流體弄碎，使得它們變得可滲透，接著就可使用蒸汽或其他溶劑將石油從其中開採出來。但是這樣的過程對環境並不友善，並且在提取過程中使用了大量額外的能量。

天然氣水合物

還有一種重要的碳氫化合物來源尚未得到廣泛開發，那就是天然氣水合物。它們是水冰的一種形式，其中大量天然氣（通常是甲烷）被鎖定在冰晶格的牢籠內。這些水合物僅在高壓和低溫下穩定，因此只存在於海底或海底下的岩層。其碳含量可能是其他所有化石燃料儲量的兩倍。甲烷水合物（methane hydrate）可以含有其自身體積的 164 倍的氣體，要在受控，不使氣體爆炸性膨脹的條件下恢復為甲烷氣體，是個棘手差事。在過去的地球，溫暖的洋流和降低的海平面可能破壞了天然氣水合物的穩定性，從而導致甲烷大量釋放並導致氣候變化。

當化石燃料枯竭時，將只留下兩種選擇：來自太陽的能量（直接或透過生物質、風和波浪）及核能。從歷史上來看，核電廠一直以鈾為燃料，可能是由於早期的核計劃將鈽定位為軍事目的，但鈾本身就是一種有限的地質資源，儘管目前還能維持數百年。一種潛在的，更豐富的核能替代品是釷（thorium，Th），還可提供數百萬年。但最終，核融合——太陽自身產生巨大能量的方式，也許是人類最終的唯一選擇。

濃縮想法
過去的生命是今天的石油

21 深處的財富

我們生產的一切物品所需的材料，包含汽車到手機，都是從地底開採出來的。但這些礦物是如何到達礦床的呢？如何找到並開採它們？礦物的存量能應付日益增長的文明需求嗎？

雖然地殼的大部分組成是矽酸鹽岩，但這種近似實則忽略了那些元素週期表中，較鈾元素含量更少的元素。如果岩石是均勻混合的，那這些元素的豐度將會很低，以致於很難純化和利用它們中的任何一種。幸運的是，許多地質作用已將有用的礦物精煉成經濟可提取的濃度，被稱爲礦石（ore）。礦石的嚴格定義是礦化的岩石，容易開採，但是由於市場價格，環境因素和政治的變幻莫測，使得這個詞通常用來指任何豐度的潛在有用礦物。

地殼廚房

大多數礦床與熱岩石或岩漿的侵位有關。有時，礦物可以在岩漿內形成。像花崗岩這類的熔融岩漿冷卻時，相異的礦物在不同的時間結晶出來，並且可分層沉澱，且一些仍然熔化的流岩不能彼此混合。一些富含硫的流岩就是這種情況，這些流岩含有鎳（Nickel，Ni）、銅和鉑，這些金屬可能會在岩漿室底部被分離出來。

世界上大多數的礦床都與岩漿有關。沉積物可能來自岩漿，但在岩石周圍積聚，而積聚的關鍵是水的存在。隨著熱岩漿上升並且其上的壓力被釋放，先前岩漿中所含的水被排出，並擴散到周圍岩石的裂縫中。

時間表　礦山簡史

43000 年前	西元前 5500	西元前 3000	西元前 2500
南非史瓦濟蘭（Swaziland）發現第一個開採赭石（赤鐵礦）的證據	巴爾幹半島開始開採銅礦	新石器時代的燧石礦在諾福克的格林姆斯開採	青銅（銅和錫的合金）投入使用，可能包含在康沃爾所開採的錫

稀土元素

技術文明漸漸倚賴某些元素，其中一些元素本身很少見，難以提取或供不應求。例如高性能磁鐵、雷射、太陽能電池、特殊玻璃、顯示器和觸控螢幕，都使用各種稀有的元素。在全球範圍內，最稀有的鉑族金屬供應非常短缺。用於風力渦輪機中的磁鐵的稀土元素（例如釹，Neodymiun，Nd）並不罕見，但僅能在有限地方開採。少數幾個國家，尤其是中國，控制著世界上大部分稀土金屬的供應。在未來，需要找到新的來源：既可發掘新的礦場，也可以開發新的方法來提取這些元素──來自海水和資源回收。最終，我們可能需要往太空和小行星尋找，有些小行星中特別富含這些金屬。

熱液

熱液流體帶有許多鹽類，特別是硫化物，它們可以與溶液中的許多金屬形成錯合物（complex）。當溫度和壓力降低時，這些礦物從溶液中析出，在岩層中填滿裂縫，並形成礦脈。這些礦脈可以從微觀大小到幾公尺厚的任何規模。其他通常伴隨礦脈聚集的低價值的礦物稱爲脈石礦物（gangue minerals），可以引導礦工進入儲量最豐富的礦脈。

熱液鹽水可以是強酸性的，與周圍的岩石發生反應，有時會將岩石溶解，並用礦物來取代。這些熱液有時富含金，銀和銅。當花崗岩岩漿與碳酸鹽岩石，如石灰石接觸時，可能會發生廣泛的化學反應，產生所謂的矽卡岩礦床（skarn deposit），其中富含鐵，銅，鉛，鋅和錫（Tin，Sn）。

當熱液靠近地表時，周圍岩層中的地下水本身可被加熱，並注入礦物。其硫化物的礦物含量或許較低，酸性較弱，但仍可沉積金，銀，銅，鉛和鋅。這些稱爲低溫熱液礦床（epithermol deposit）。

西元前 1400	西元前 700	100	1709	2007
鐵製匕首在圖坦卡門墓中作為珍貴財產存放	英國進入鐵器時代	全羅馬帝國的大規模採礦業發展	達比建造第一座由焦炭推動的高爐	智利丘基卡馬塔（Chuquicamata）銅礦成為世界上最大的露天銅礦

淘金熱

自然有時可以協助採礦過程。黃金是少數能以元素形態存在於自然中的金屬之一，但通常是在廣域岩層中稀疏分佈的。幸運的是，隨著岩石侵蝕，河流和溪流將碎片過篩，並將緻密的金顆粒集中到漂砂沉積物（placer deposit）。探礦者基本上繼續這個過程，在沙子和礫石中淘金，形成 19 世紀著名的加州和克朗代克（Klondike）淘金熱。

『上有丹沙者，下有黃金。上有慈石者，下有銅金。上有陵石者，下有鉛錫赤銅。上有赭者，下有鐵。』此山之見榮者也。

——*<管子，地數>西元前720-645*

如果上面有硃砂，下面會發現黃金。如果上面有磁石，下面會找到銅和金。如果上面有爐甘石，下面會發現鉛，錫和紅銅。如果上面有赤鐵礦，下面會發現鐵。因此可以看出山脈充滿了財富。

來自中洋脊的寶藏

海水滲透到構成海洋地殼的大部分岩層中。在遇到熱或冷卻中的岩漿時，會開始溶解岩石中的礦物，透過岩縫上升到洋底，形成熱液噴口或黑煙囪。彼時，熱水中含有豐富的硫化物礦物，包括鉛，鋅和銅。當熱水觸碰到海洋時，就會突然冷卻，不能再溶解所有礦物，而沉澱形成壯觀的「黑煙」。這會在熱液出口周圍形成一系列精緻的煙囪，而這些煙囪將會坍塌，形成厚厚的硫化物礦藏。通常這些礦藏最終將隨舊海洋地殼隱沒回地球，但偶爾會被保存在陸地上，如塞普勒斯（Cypras），此地自青銅時代以來就開採硫化銅礦床。

豐土

最後一種礦床可以遠離岩漿熱產生。在溫暖潮濕的熱帶氣候中，只需要一層厚厚的土壤。這些條件會在表土中產生酸性水，導致化學侵蝕，溶解和去除許多土壤礦物質，並濃縮富含某些金屬的礦物。這就是 1 億年前，肯特郡威爾德（Weald）鐵礦的形成方式，而今天熱帶地區仍然持續形成紅土礦床。鋁土礦（bauxite）是一種富含鋁的紅土，目前仍然是開採鋁的主要來源。

濃縮想法
熱與水入侵帶來豐富礦藏

22 鑽石之秘

鑽石不只是女孩最好的朋友。地質學家也非常熱衷於它們。在這個最堅硬礦物的晶格中藏著許多秘密，記錄了它們 30 億年的歷史裡，穿越地函的旅程。

鑽石的成分是碳，就像煙灰或石墨一樣。但在鑽石的形成中，高壓將化學鍵重新組成三維晶格，使其變的非常堅硬且透明，當以正確的方式切割時，還會產生迷人的閃光。少數氮原子取代晶格中的碳，會產生黃色鑽石，而硼會形成藍色鑽石。輻射造成的損壞可使鑽石變綠，而剪切應力則可產生棕色，粉紅色甚至紅色的鑽石。

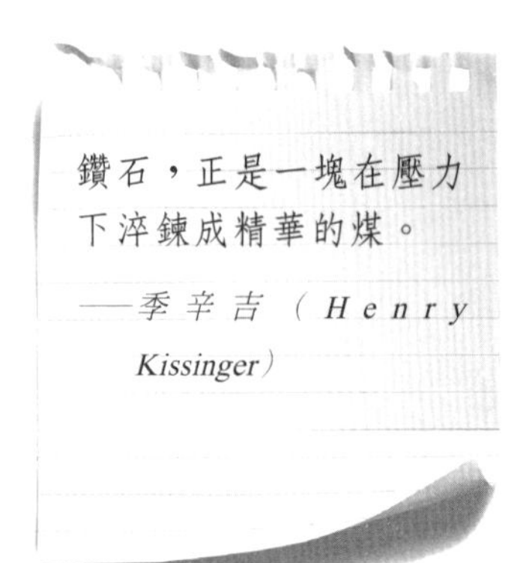

鑽石，正是一塊在壓力下淬鍊成精華的煤。

——季辛吉（Henry Kissinger）

鑽石的形成

由碳形成鑽石需要非常高的壓力——通常要在地下 130 至 200 公里之間才有。但形成鑽石最有利的溫度是 900 至 1300℃，又比這個深度的溫度要低。壓力和溫度的正確組合，存在於古代大陸底盤的岩石圈中，在那裡可以發現如今地表上開採的大部分鑽石。

超音速噴發

要從這樣的深度將鑽石帶到地面，需要有不尋常的事件才可以。大多數火山都有其基座，大約在地表下 5 到 50 公里之間，岩石在此處融化。但形成金伯利岩（kimberlite）的火山則更深入，其岩漿從鑽石所在的深處汲取。沒有人見證過金伯利岩火

時間線　巴西鑽石悠久而深邃的歷史

25 億年
微生物吸收二氧化碳，死亡和積累在沉積物中

22 億年
富含碳的沉積物向下隱沒到老海洋岩石圈的地函

13 億年
在下地函深處，碳開始結晶，形成鑽石

山噴發，這會是壯觀的景象，但你不會想要靠得太近，因為岩漿來自如此的深度，所以在地表噴發時，就像從一瓶搖過的香檳中拔起軟木塞一樣，熾熱的岩漿可以超音速猛然噴出。

通常，我們不會從這些火山頂部發現鑽石，就算鑽石曾經在那裡，現在也早就消失了。世界上最大的鑽石礦山，往往位於舊火山的熔岩管中。這些熔岩管有幾公里深，幾百公尺寬，形狀有點像胡蘿蔔。在南非著名的金伯利（Kimberley）礦山，火山噴發發生在 1 億年前，侵蝕使得地表下降超過一公里。這些鑽石大約都超過十億年歷史，有時甚至超過 30 億年。並非所有的金伯利岩火山都含有鑽石，也並非都值得開採。為了找到每顆鑽石，可能需要粉碎許多噸堅硬的石頭，但鑽石的價值仍然使這些苦差事值得去做。

祖母綠

雖然沒有鑽石那麼厲害，但祖母綠（emerald）仍然既堅硬又有價值。它們是矽酸鹽類礦物，綠柱石（beryl）的一種形式，由痕量的鉻或釩著色。綠柱石經常在偉晶岩中發現——這是花崗岩侵位結晶的最後一部分。晶體可能非常大：在馬達加斯加發現了 18 公尺長的綠柱石晶體。當熱液流體含有鉻和釩時，綠柱石可以生長為綠色祖母綠，這就是大多數礦藏形成的方式。但在哥倫比亞，於黑色頁岩中發現了特別細小的祖母綠，此因構造壓力所致，富含鉻的水擠壓進岩縫中。每個祖母綠礦場都有自己的氧同位素特徵。這有助於考古學家發現，一個在羅馬遺址發現的祖母綠耳環，竟起源於巴基斯坦的斯瓦特山谷（Swat Valley）！

有機鑽石

形成鑽石的碳有兩個主要來源，區別在於碳的不同同位素比例：

2 億年	1 億年	現今
地函熱柱將鑽石帶到上地函	鑽石在金伯利岩火山表面噴發	鑽石被開採，切割和拋光，並用於裝飾

碳-12和碳-13。起源於地函的碳往往含有更多的碳-13。但是一些鑽石含有較少的碳-13，更像是在海洋中的有機體。結論是，這種碳確實曾經過生物體的碳循環，併入海底的沉積物中，然後隱沒回到地函中再形成鑽石。

鑽石中的訊息

珠寶商喜歡完美無瑕的鑽石，但地質學家喜歡瑕疵，這些瑕疵可以顯示在鑽石形成的時間和地點下，所夾帶的材料，並且通常可回溯其形成的階段，並揭示當時其在地表下的深度。因此，可以重現鑽石的生命史。

切割鑽石

鑽石是人類已知的最硬物質，它很難切割！幸好並不是所有方向都一樣難切，一旦確定了晶軸方向，就可以使用鋸子或其他小鑽石邊緣的磨石切割和拋光鑽石上的刻面。自14世紀以來，人們一直在切割鑽石，但到了今天已轉爲一個高科技產業。世界上90%的鑽石都是在印度古吉拉特邦的蘇拉特（Surat）切割的。通常會建立粗糙鑽石的電腦模型，以確定晶軸和夾帶礦物，並找出如何從中獲得最有價值的鑽石切割。雷射也漸漸廣用於協助切割。

多年來，華盛頓卡內基研究所的史雷（Steve Shirey）及其同事，已將數千顆鑽石切成若干樣品。最近，他們注意到所有超過35億年的鑽石都只含有來自地函的碳。來自海洋沉積物中有機來源的碳僅在之後出現。他們得出的結論是，這標誌著海洋地殼第一次隱沒，大陸開始漂移，及威爾遜循環的開始。

深處的鑽石

偶爾，鑽石的夾帶礦物中，顯示出比大陸岩石圈更深的礦物特徵。有些甚至含有來自下地函的高壓鈣鈦礦礦物。來自巴西一個礦山的鑽石，不僅帶有深度超過660公里的下地函特徵，而且夾帶有機來源的較輕碳同位素。這提供了地函是全面循環的第一個直接證據：具有富含碳的沉積物的海洋地殼，已隱沒到下地函的最深處，並爲白堊紀時期，從巴西噴發而出的超級地函熱柱提供材料（見時間表）。

濃縮想法
在壓力下結晶的歷史

23 岩石循環

沒有任何岩石或大陸是孤島。在本章中，我們探討在空氣和水中，大氣和海洋的作用，並以岩石循環（rock cycle）為總結。曾出現的一切最終都將隱沒，而地球是最終的回收中心。

我們已經知道固體地函如何循環，其中一部分融化並形成地殼。也已經了解海洋地殼如何隱沒到地函中，並帶走了一些沉積物。現在來到從地殼到海底之間所發生的事情。空氣、水、熱，甚至生命本身都是循環的一部分，我們終將回歸大地。在這裡，我們來探討影響地球循環的基礎：岩石。

> 我們不要認為，必須曾存在任何災難性的力量，只是為了符合在短時間內造成重大的變化的說法。在本質上，以時間來解釋這些變化，既無不妥之處，亦無損及自然界偉大力量的展現。
>
> ——*赫頓*

赫頓的靈光一現

赫頓有時被稱為現代地質學之父，他是第一個認識到大陸岩石圈在地底及海底的循環週期的科學家之一。1785 年，他首先描述了陸地上的沉積物侵蝕，向海洋的運輸，在海底積聚，硬化成岩石以及隨後開始再次侵蝕的過程。他領先於時代之前，因為他意識到循環週期必須包含地表上不易觀察的細微過程，並且需要很長的時間來作用——遠比當時神學家所說的更長。

火成論

赫頓關於岩石循環的觀點，與他信奉的火成論

* 譯註：火成論 Plutonism，其字首為冥王星（Pluto），象徵來自地熱及熔岩的力量；與之相對的水成論 Neptunism，其字首為海王星（Neptune），象徵水的力量。

時間表

1679
虎克（Robert Hooke）表明，化石層太厚，其形成必須遠超過諾亞洪水所說的 150 天

1776
凱爾（James Keir）聲稱，北愛爾蘭的巨人堤道（giant causeway）由熔岩冷卻形成

1779
布豐表明地球至少有 75000 年曆史

1788
赫頓發表*地球理論*

（plutonism）密切相關：許多岩石，如玄武岩和花崗岩，都曾經是熔岩。與之相對立的是水成論（neptunism），該理論認爲所有的岩石都是由水沉積下來的沉積岩。赫頓是第一個認爲，如果岩石被埋得足夠深，那麼三種類型的岩石——沉積岩，火成岩和變質岩——最後都會融化。他還進一步提出，熔岩會從火山爆發或侵入較淺的岩石，而形成山脈。

與月球乾燥無大氣的表面不同，地球表面的岩石很少與環境平衡。山脈才剛從地表升起，空氣，冰和水的力量就開始再次侵蝕它們。我們將在下一章中更詳細地研究這些物理機制的結果。

赫頓 JAMES HUTTON，1726-97

在獲得醫生資格後，赫頓回到了他的家鄉愛丁堡（Edinburgh），並在附近的鄉間從事農作。42 歲時，他賣掉了繁榮的農場，回到了城市。他是愛丁堡哲學學會的活躍成員，後來成爲愛丁堡皇家學會（Royal Sosiety of Edinburgh）。他在這裡學習地質學和化學，並於 1788 年出版了其經典著作《地球理論》（*Theory of the Earth*）。

在其中，他建立了地質循環的概念，以及逐步完成這個循環所需的大量時間。他還研究了地熱和壓力的作用，並成爲堅定的火成論者，暗示花崗岩等岩石是由熔融岩漿產生的，而不是透過沉積作用。

岩石循環中的化學

岩石循環中的關鍵過程之一並非物理過程，而是化學過程。溶解在雨水中的二氧化碳會產生弱酸，與礦物發生反應，特別是在玄武岩等岩石中產生黏土礦物。黏土將水結合到其結構中，繼續在循環的後期潤滑接下來的進程。這種化學侵蝕也改變了大氣的成分，因此，在新山脈的抬升之後，緊接著就是大氣中二氧化碳的減少。

1797	1807	1830	1964
霍爾證明火成岩可從熔融物質中結晶	倫敦地質學會首先致力於新學說發展	萊爾的*地質學原理*顯示地球必須有數億年的歷史	威爾遜延伸岩石週期理論，包含板塊構造

水對岩石循環至關重要，它能溶解二氧化碳，生成碳酸以促進化學風化。水也會侵蝕柔軟的沉積物並溶解可溶性礦物。另外，水形成冰塊在裂縫中膨脹並粉碎岩石，並形成冰川，將岩石向下磨碎。而水還能將沉積物輸送到可積聚的地方，潤滑它們進入地球的通道，並降低岩漿生成的熔點。

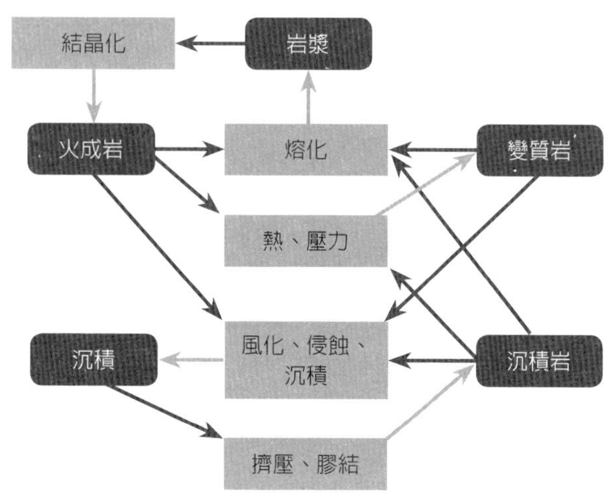

岩石循環的簡化示意圖。

轉變爲岩石

「岩石」的定義，與一些被稱爲岩石的沉積物一樣鬆散！在實際情況中，泥漿，沙子和礫石從侵蝕中沖刷下來，並最終形成沉積岩的過渡，是緩慢而漸進的。從本質上講，該過程代表了岩石中孔隙結構的破壞，或者透過上面沉積物的重量壓實，或者透過膠結作用，因爲孔隙充滿了將顆粒結合在一起的新化學物質。這些化學水泥可來自沉積物本身，也可以從其他來源滲進，這個過程稱爲成岩作用（diagenesis）。

當然，岩石循環並非如此簡單。三種基本類型的岩石——沉積岩，火成岩和變質岩——都可以被抬升和侵蝕。它們都可被熱量和壓力掩埋

不整合

赫頓的想法建立在觀察的基礎上，他調查了蘇格蘭的幾個現今稱爲赫頓不整合（Hutton's Unconformities）的地點。首先，在阿倫島（Isle of Arren）上，寒武紀片岩變形，因此地層幾乎是垂直的，然後被更年輕的砂岩水平層侵蝕和覆蓋。赫頓後來在傑德堡（Jedburgh）附近找到了一個更清晰的例子，並寫下了他如何「爲我在地球自然歷史中找到如此有趣事情的好運而感到高興」。這種不整合證明了岩層接連經歷了隆起，侵蝕和隨後的沉積循環。

和改變，並經歷部分融化。

威爾遜循環

在 1960 年代，威爾遜（見第 13 章）進一步發展了岩石循環理論，以融入他對板塊構造的新思想。他將地函對流的概念納入理論中，透過地函中的板塊隱沒和岩漿生成來建構並完成循環。

濃縮想法
永無休止的岩石循環

24 雕刻地貌

每塊石頭裡面都有文章，講述它如何形成，它的組成和生命史。而岩層和地貌則透露出侵蝕和雕刻它們的外來力量，如何成為現在的景觀。自然地理學講述了大地如何被雕塑。

太陽能

嚴格來說，幾乎所有地球表面的侵蝕過程都是由太陽驅動的。太陽能使大氣循環並驅動風。陽光蒸發水，形成雲層，再以雨或雪落下，爲河流和冰川提供水源。水分被太陽蒸發而升起，再經由重力下落，爲落水增加切割能力，推倒岩石並將碎片帶到山谷，盆地和海洋中的最低點。

自然地理學和地質學是不可分割的科學雙胞胎。

——*莫西（Roderick Impey Murchison）於1857年在皇家地理學會周年紀念會議的演說*

侵蝕率

侵蝕率越高，山脈越快下降，而年輕山區的侵蝕率通常要快得多。侵蝕率基本上取決於兩個因素：風化速度和運輸速度。風化本身有物理性的和化學性的。在化學風化過程中，弱酸性雨水溶解石灰石等岩石，或與矽酸鹽反應生成黏土。這傾向於沿著岩石裂縫發生，並且可促成更大的碎片剝離，以進行物理侵蝕。

水力

最強大的物理風化劑是水，特別是當它結成冰時。隨著水凍結，體積會膨脹，因此狹窄裂縫中的冰可能像

時間表　大峽谷史

20 億年	10 億年	5 億年	2.8 億年	2.3 億年
大峽谷中最古老的岩層	本區的「大不整合」開始，侵蝕開始	不整合結束，海洋沉積物繼續堆積	二疊紀，風成沙丘沉積在土地上	大峽谷中最年輕的沉積石灰岩

楔子一樣使堅硬岩石破碎。在更大的範圍內，冰川中的冰具有巨大的力量，鑿出寬闊的山谷並將岩石磨成泥。山間溪流可以快速地運輸碎片，因此侵蝕受到風化速度的限制，產生了大量岩石暴露的貧瘠景觀。

如果侵蝕受到運輸速度的限制，則沉積物往往會積聚。在上一個冰河時期的風化速度大於運輸速度，因此今天北半球許多河流沉積物中，很大一部分是由退去的冰川所留下的鬆散固結物，並且仍然足夠軟以能被迅速侵蝕。

一粒沙見文章

沙粒，值得研究一輩子！例如，我們相信圓形沙粒是風造成的，而有角度的沙粒是由水攜帶的，但這或許不完全正確。沙粒的圓潤程度大部分取決於其被攜帶並撞擊反彈的時間長短，而非由風和水攜帶所決定。然而，風吹的顆粒往往更快地變圓，並且在顯微鏡下具有細小撞擊凹痕或磨砂表面，而水往往會緩衝這類碰撞。風還能夠分選沙粒，輕沙粒比粗沙粒更容易被吹起。另外，透過測量石英顆粒在地表接收宇宙射線的時間長度，可以估計一粒沙需要一百萬年才能穿越南非的納米比沙漠（Namib desert）。

土壤

沉積物在陸地上積累的任何地方，都可導致土壤發育，從而支撐植被。反過來說，植被將透過固定土壤，和緩衝雨和洪水的力量等方式，來減緩侵蝕。與此同時，植物根部卻也可以破壞底土或鬆散固結的岩石，而腐植質可以產生腐植酸，從而增強化學風化。

一旦透過火和農業活動清除植被，侵蝕亦顯著增加。在 1920 及 1930 年代，美國部分地區遭遇了這種情況，當時在一些邊際土地上集

1700 萬年	530 萬年	3200 年	1919
西峽谷開始形成的可能日期	加州灣開放，峽谷迅速加深。東西峽谷連接	普韋布洛人（Pueblo）佔領該地區	大峽谷被指定為國家公園

約化農業的施作，最終導致了沙塵暴和數十億噸土壤的流失。

風的力量

在乾旱的土地上，既沒有水也沒有植被來保護岩石，風成爲主要的參與者，吹起沙粒並像小鑿子一樣，雕刻出特有的沙漠景觀。風或許沒有能力使個別沙粒在空中停留很長的時間，但可利用滾沙（saltation）的機制，使沙粒在短暫的跳躍中反彈，每當沙粒擊中地面時，再將其他沙粒撞到空中。透過這種方式，地面附近的風蝕最大，並導致岩層的底切。

大峽谷

美國的大峽谷可能是地球上最壯觀的侵蝕特徵。儘管原教旨主義者聲稱這是由聖經所述的大洪水引起的，但地質學家們認爲其已有數百萬年的歷史。由方解石洞礦床的定年表明，大峽谷或許在1700萬年前就開始形成。它長446公里，寬約30公里，深達1,800公尺，由科羅拉多河將20億年歷史的沉積岩切割開來。大峽谷是河水切割能力的壯麗示範。

地貌特徵

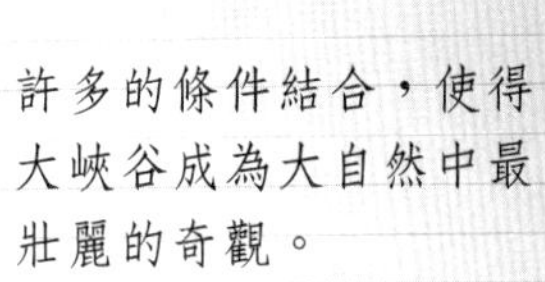

許多的條件結合，使得大峽谷成為大自然中最壯麗的奇觀。

——鮑威爾（John Wesley Powell），在1869年首次探查大峽谷的紀錄

侵蝕可能從雨和沙的規模開始，但在地貌中，雕刻的特徵益加宏偉。冰或水所雕刻出的地貌之間存在經典差異。冰川雕刻出寬闊，深U形的山谷，凹陷的側面只有輕微的彎曲。當較小的冰川流入時，累積在冰的表面而非山谷的基部，因此留下從山谷的兩側開始垂直向上的山谷。冰川谷可能會過度加深——冰川可以往高處移動——使湖泊和峽灣留在谷底。

相比之下，河谷呈V形，有直邊或凸邊。水可以轉彎，因此河谷可能會蜿蜒行進，並呈現重疊的馬蹄形。河谷有地質特徵所造成的湖泊和瀑布，但因水總是往低處流，所以不會過度加深河谷。

地貌的演變

在 1899 年，美國地質學家戴維斯（William Morris Davis）出版了他的侵蝕循環理論，並在其中提出地貌的階段性發展，稱爲青年期，成熟期和老年期。青年期的地貌有高峰和狹窄的深谷。到了成熟期，山谷已經擴大；到了老年期，山谷已經變成了低窪的平原。雖然此機制仍然出現在教科書中，但今日這個循環顯然過於簡單化了。地貌的每個特徵都是基層地質學和風化力量的產物，每個地貌都有一個獨特的故事。

濃縮想法
凡隆起終將被抹平

25 漸進與災變

我們腳下的地球似乎堅固不變，但是，若以地質時間來看，漸變可以移山填海。更具戲劇性的變化是由颱風、地震、洪水和火山造成的。這個星球是由災難還是逐漸變化造成的？這是一場始於 18 世紀的大辯論，目前尚未結束。

聖經災難

在 18 世紀之前，任何科學家最初都會接受神學方面的訓練。教會佔據了學術至高點，他們支持烏瑟主教從聖經中故事計算出的，即地球是在西元前 4004 年創造的。六千年的時間根本不足以進行風化和運輸的進程，沉積所有的岩石並雕刻地貌。唯一的選擇就是發生了更具災難性的事件，而這個想法從諾亞洪水等聖經故事中獲得了成功。

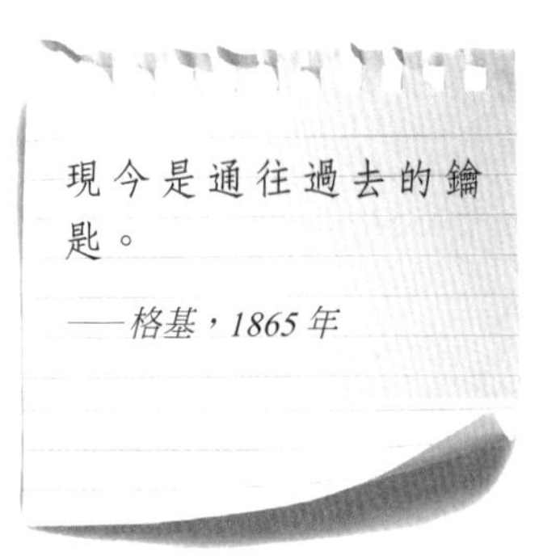

災變說的主要倡導者是法國男爵居維葉。他是一名解剖學家，並沒有研究巴黎盆地以外的野外地質，但他對不同層次的岩層，包含不同化石以及某些岩層相對於其他岩層傾斜的方式印象深刻。他認爲，在聖經的時間尺度上，如果沒有暴力的動盪，就不可能發生這種變化。但他沒有提出任何機制，也沒有任何理由說明爲什麼會發生這樣的災難。

時間線

1654
烏瑟提出地球是在西元前 4004 年創建

1787
維納提出了水成論

1796
居維葉提出了災變論

水成論

居維葉也是維納（Abraham Werner）在德國提出，並得到歌德支持的「水成論」的擁護者。所有岩石，包括玄武岩和花崗岩，都是從原始海洋中的水中沉積出來的。他們發現，有時在山上發現的化石，往往是海洋生物的遺骸，並認為過去曾經有一個巨大的深海。也許當時整個地球都是由水構成的，而固體岩石從中沉澱出來。

一致性

赫頓於 1788 年發表的鉅著*地球理論*所提到的「一致性（uniformity）」是最地質學家所認同的基本法則。幾年後，另一位蘇格蘭地質學家格基（Archibald Gaikie）用「現今是通往過去的鑰匙」這句話簡潔地說明了其本質。也就是說，在地質記錄中，所有過去的變化和過程，都可以透過當今地球上正在發生的作用過程來重現。

居維葉 GEORGE CUVIER，1769-1832

在 1795 年抵達巴黎後，居維葉發表了一篇論文，比較了非洲象和亞洲象的頭骨與猛獁象（mammoth）的化石殘骸，以及當時僅被稱為俄亥俄獸（Ohio animal）的生物——現在確定為乳齒象。他發現這些是不同的物種，而這些已變成化石的物種現在已經滅絕。在之前，並沒有廣泛接受物種滅絕的可能性。由於他的解剖學研究顯示物種之間存在明顯差異，沒有中間形式，因此居維葉拒絕進化的觀點。他認為滅絕和形態變化只能透過災變來實現，並反對均一論。

乍看之下，似乎沒有什麼比岩石更恆定和持久。但仔細觀察：昨晚的雨水沖刷掉了那片泥土，漲潮時留下了那片沙灘——漸變就在我們周

1788
赫頓發表了*地球理論*， 提出了漸變論和火成說

1830
萊爾發表了*地質學原理*

1865
格基的名言：現今是通往過去的鑰匙

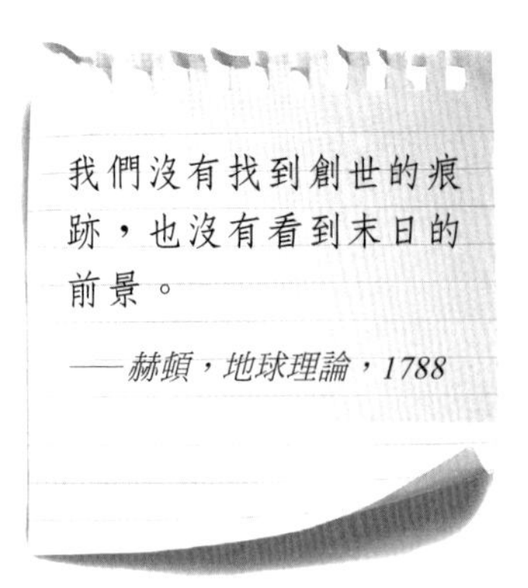

圍發生。改變地球所需要的是時間：數百萬年的時間。一旦跳脫了烏瑟主教設定的時間限制，一切都變得可能。

漸變

均變論，或稱漸進學說，被另一個偉大的英國地質學家萊爾所深究。在 1830 年，其鉅著*地質學原理*的副標題中清楚地表明了他支持的論點：嘗試以現今地質作用的運作為參考，以解釋過去地表的變化。萊爾堅定支持漸進變化所需的時間尺度，也爲他的朋友達爾文的天擇發展演化論提供了依據。

新災變

地質時間的逐漸變化可以解釋許多事情，但還是有一些每天都在變化的現象。有時晴，有時雨。每隔幾年，就會發生災難性的風暴或可怕的洪水，地震和火山活動一直在進行，但每隔幾個月就會在新聞中聽到一場眞正毀滅性的地震，而每隔幾千年就會有一次超級火山爆發。小事件很常見，大事件很少發生，但仍然會發生。有時，災難在好萊塢電影裡，甚至在科學紀錄片中都被誇大了，但災難仍然有其威力。在短暫的破壞時間裡，留下的痕跡比未被記錄的涓涓歲月更多。

如果回顧一下地質時間，事情肯定不是一成不變的，變化遠非漸進

萊爾 CHARLES LYELL，1797-1875

萊爾是十九世紀最有影響力的地質學家。他出生於蘇格蘭，受到休姆（David Hume）的蘇格蘭啟蒙運動的影響，該運動爲赫頓的一致性原則提供了哲學支持，也是萊爾在自己的著作中所提倡的概念。他的*地質學原理*（*Principle of Geology*）於 1830-33 年間出版了三冊，成爲一本經典教科書。達爾文帶了一份副本上小獵犬號，並幫助他解釋旅行中的地質發現。達爾文和萊爾隨後成爲了親密的朋友，雖然萊爾難以接受演化論，但他之後仍不斷修訂自己的著作，最後*原理*一書至少修訂了 12 版。

式。在過去，氣候甚至大氣的組成都有所不同。今天，地球已經冷卻，太陽升溫。生命改變了大海，轉移到陸地上，到今天，人們的高樓水泥建築甚至改變了地貌！漸進的變化肯定還在繼續，但初始條件肯定跟十億年前不同了。

滅絕

從化石記錄中也可以清楚地看到，發生了一些突如其來的重大災難，導致地球上所有物種的三分之一甚至一半滅絕。無論原因是小行星撞擊，火山爆發，磁極逆轉，宇宙射線撞擊還是氣候變化，這些滅絕事件都清楚地表明了當時地球上生物的災難。正如地質學家阿格（Derek Ager）所說，就像一個士兵的生命般：漫長的無聊等待和短暫的恐怖一刻。

濃縮想法

現今是通往過去的鑰匙

26 沉積

地殼只是覆蓋在地球表面的一層很薄的果皮，佔不到地殼岩石的 10%，但沉積岩是我們最常遇到的，常用於建造房屋和道路。每塊沉積岩都有它的故事，就像一本石頭做的書一樣，可以一層層閱讀它。在火成岩和變質岩之後，這是第三種主要岩石類型。

如果要爲岩石循環訂下一個終點的話，沉積岩的形成就是了。被磨平或侵蝕的山脈遺跡，甚至動植物的遺骸都可以構成沉積岩。

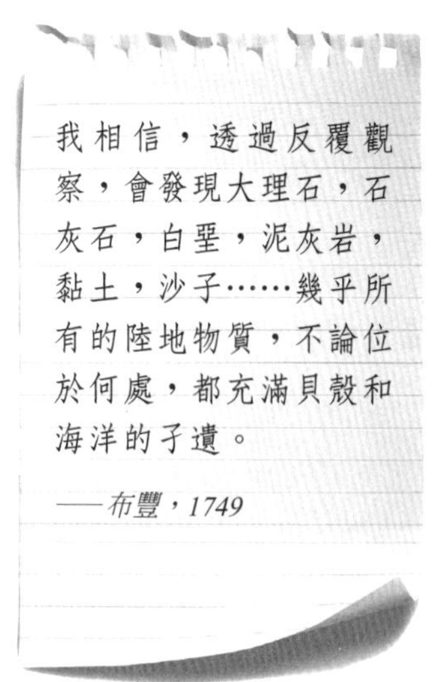

沉積岩類型

沉積岩通常根據其來源，成分和質地進行分類。到目前爲止，最豐富的是碎屑岩，即由其侵蝕源的顆粒或碎片組成的岩石。這些碎片主要是矽酸鹽，通常由是石英所組成，其爲最耐用的常見原料。長石也是一種常見的成分，玄武岩化學風化後產生的黏土礦物也是如此。

非碎屑沉積岩可以是有機組成或化學組成的。有機組成包括褐煤、煤和石油、貝殼，鈣質微生物骨架組成的一些石灰岩。化學組成包括在淺海或洞穴中沉澱的岩鹽、石膏、硬石膏和石灰石沉積物。

時間線　倫敦下方的沉積物歷史

4.2 億年	1.3 億年	7000 萬年
遠古志留紀岩石在城市深處	綠砂岩在缺氧的深水環境中形成	在溫暖的淺海中鋪上非常厚的白堊沉積物

碎屑岩的分類

碎屑沉積岩是由內部晶粒的大小分類。礫石（gravel）爲直徑大於 2 公釐的顆粒；沙石（sand）從 2 到 0.065 公釐；泥（mud）則是比它們更小的顆粒。泥可以進一步細分爲矽（silt），以及最細的顆粒，黏土（clay）。如果鵝卵石是圓形的，那麼礫石黏結成岩石稱爲礫岩（conglomerate），角礫岩（breccia）則是有角的碎石。固結砂是砂岩（sandstone）；固結泥則是泥岩（mudstone）。砂與礫石可進一步分爲粗，中，細；或依二氧化矽，長石或有機物的組成來分類。

沉積環境

沉積岩也可以透露出它們形成的環境。其中一個參數是環境的動能。快速流動的河流或有湧浪的海灘是一個高動能環境。靜滯的湖泊，泥灘或海洋深處是低動能的環境。所有尺寸的顆粒都可以在高動能環境中運輸。隨著動能下降，例如當河流在氾濫平原上減速時，就不能再運輸較大的顆粒，而先是礫石，再來是砂石，最後是泥漿將從懸浮狀態中沉澱。

一些沉積岩在陸地上形成。最常見的是風力，具有極佳選擇效果。冰川可以包含各種尺寸的顆粒，從大石塊到最細的黏土。其他陸地沉積物包括泥炭，泥炭可以固結並壓縮成褐煤乃至無煙煤。

三角洲和沙丘

河川到達海洋時沉積了大量的沉積物，輸送動能下降。河川三角洲可擴展到數百平方公里，並沉積數千公尺厚的沉積物。通常，沉積物以水平沉澱，但並非總是如此。在泥沙被侵蝕和再沉積的地方，這些層可以在斜坡面下以低角度沉積。這可能發生在河流三角洲和沙丘陸地上，

5500 萬年
一系列河口，湖泊和海洋沉積的沙和淤泥

4500 萬年
厚厚的黏土層於淺海形成

50 萬年
冰河期前進的冰川將泰晤士河轉移到現今的山谷，並留下礫石沉積物

並且可產生連續的傾斜床帶，稱爲交錯層理（cross-bedding）。

海侵

海平面可以升高或降低，陸地也可以升高或下降。這結果造成沉積環境的序次變化，反映在不同的岩層中。如果海岸線往內陸前進，而且沉積物來自逐漸深入的海水，稱爲海侵（transgression）。在海洋正在退縮並且沉積物越來越淺的情況下，這稱爲海退（regression）。如果內陸海域乾涸，會留下一層化學蒸發沉積物，如岩鹽和石膏。

成岩作用

物質沉澱後，故事還沒結束。當沉積層疊而上，沉積物在成岩作用的過程中被擠壓並壓實和黏結。黏土含有多達 60% 的水，當水被擠出時，黏土通常會壓成細分層的頁岩。如果存在碳酸鈣，就會將黏土黏結成堅硬的鈣質泥岩。擠壓沙子往往會導致沙粒在其接觸的地方溶解並重新沉積在空隙中，形成堅硬的砂岩。

沉積盆地

有時，結構力可以拉伸地殼，使其變薄。這會導致地殼下沉，讓海水氾濫並形成沉積。這些重量可能導致盆地在惡性循環中進一步下沉，最後可形成厚達 10 公里的沉積層。

由於地殼拉伸，也導致岩石圈變薄，使熱軟流圈更接近沉積物並加熱它們，這一過程有助於石油和其他化石燃料的形成。一個很好的例子是北海油田。

另一種類型的沉積盆地與海底隱沒帶有關。隨著海洋地殼在大陸邊緣下潛，沉積物可能被刮下而形成增生棱柱，並在隱沒處背後產生一個淺盆地，來自大陸的沉積物積聚在此，稱爲弧前盆地（fore-arc basin）。與此同時，大陸邊緣的火山峰壓低了大陸，形成了一個淺盆

岩石是它們形成時發生的事件的記錄。它們是書。有不同的詞彙，不同的字母表，但你得學習如何閱讀它們。

——麥克菲（*John McPhee*）

地，在島弧後面積聚了沉積物，形成弧後盆地（back-arc basin）。

深海沉積物

在遠離陸地的深海中，沉積可能要慢得多。在 4,000 公尺以下，碳酸鈣被高壓海水溶解，使得深海中不會形成石灰石，鈣質微生物的骨架也不會進入深海底層，但基於二氧化矽的外骨骼則可以。

濃縮想法
一次一層的鋪上地質歷史

27 海洋環流

海洋覆蓋地球表面的 71%，含有地球上 97% 的水，是了解地表動態過程的核心。全球深 2 公尺以內的海水，含有比整個大氣更多的熱量，這些熱量在洋流中的循環，在控制和緩和全球氣候方面起著至關重要的作用。

柯氏力

表面洋流部分受盛行風的驅動。但是，根據牛頓的運動定律，任何運動中的質量都將嘗試在一條直線上繼續前進。在旋轉的地球表面上亦是如此，其結果是柯氏力的展現：在北半球，柯氏力使得移動的洋流趨向於向右拉扯，而在南半球將向左拉扯。最後造就了海洋環流：一個圍成一圈的巨大洋流系統。最好的例子是在北太平洋，那裡沒有陸地可以阻止整個循環。自拋棄式塑膠時代以來，旋轉洋流的靜態中心積聚了大量漂浮的塑膠廢棄物，這是一個悲劇性的結果。

> 當星球表面明顯都是海洋時，稱這個行星為「地球」是多麼不合適啊。
>
> *——克拉克（Arthur C. Clarke），英國作家＊*
>
> 譯註：其最著名的科幻著作為《*2001 太空漫遊*》

1992 年 1 月，在一次太平洋風暴中，來自中國工廠的三箱塑膠鴨被沖到船外。29,000 隻鴨子中的三分之二向南漂流，並在印尼島嶼和澳洲著陸。其餘的向北行進，進入了北太平洋環流。少數穿過白令海峽，被困在緩慢移動的北極冰層中，最終在八年後轉向北大西洋。

時間線　海洋學的里程碑

1777
英國地理學家倫內爾（James Rennell）認為洋流是由風驅動的

1812
洪堡（Alexander von Humboldt）描述了極地寒冷深流流向赤道的機制

1835
柯利歐里（Gustave-Gaspard Coriolis）確定地表洋流的旋轉系統

1872-76
英國海軍挑戰者號首次進行科學性海洋調查

遙測系統

海洋學家擁有更複雜的跟蹤洋流的方法，使用浮在海面的浮標和沉降到預定深度的浮標，然後透過衛星收集回報的無線電數據。太空時代徹底改變了海洋學。過去，研究船和商船隊志願者只能透過在船的側面放一個水桶來收集樣品，以監測溫度和鹽度；今天的衛星可從太空中時時監測波浪和水流，甚至水中浮游植物的數量。

新仙女木期

大約在 12800 年前，世界正逐漸從冰河時代復甦。溫帶森林開始回歸歐洲西北部。突然，來自北極苔原植物乾燥的花粉出現在沉積物岩芯中，標誌著歐洲西北部和格陵蘭島的寒冷氣候突然恢復。可能的解釋是大西洋輸送帶由於突然湧入的淡水而中斷，這些淡水或許來自北美後退的冰川所留下的融冰湖。結果導致墨西哥灣流不再向北帶來溫水。大約 1200 年後，酷寒時期就像開始時一樣迅速地結束。

鹽

四十億年來，雨降落在陸地上，沖刷岩石並流入大海，並帶著溶解的鹽。以地質時間來看，海水將變得越來越鹹。今天，如果所有海洋蒸發，並且留下的鹽均勻分佈，將形成 75 公尺厚的固體鹽層。

溶解的鹽在海洋之間不均勻分配。波羅的海有大量淡水河流和低蒸發量，含有約 5000 ppm 的鹽。波斯灣地勢高，蒸發量大，河流卻很少，其鹽度大約有 40,000 ppm。鹽和溫度都會改變海水的密度，並伴隨著風和地球自轉的影響，促進海洋環流，並藉由較冷而鹹的海水下沉的機制，建立起三維空間的循環。

1894
南森（Fridtjof Nansen）試圖研究海冰漂移到達北極的機制。

1930 年代
迪肯開發了測量深海洋流的新方法

1940 年代
史東默（Henry Stommel）研究墨西哥灣流和南極深層水的形成

1943
庫斯托（Jacques Yves Cousteau）發明了水肺

聖嬰現象

大約每五年，大氣壓力在印度洋和印尼附近上升，而在東太平洋下降。太平洋貿易風減弱或吹向東方，使得熱帶地區營養貧乏的海水流向秘魯海岸。這稱為聖嬰現象（El Nino，意為孩子），因為它如基督降生一般在聖誕節到來。聖嬰現象阻止了營養豐富的洪堡洋流，導致南美漁業蕭條，並給美洲西部的沙漠地區帶來了風暴和雨水，給澳大利亞和西太平洋帶來了乾旱。在聖嬰現象發生的隔年，經常出現冷洋流，稱為反聖嬰現象（La Nina），帶來相反的影響，給南美乾旱和為澳洲帶來洪水。

大西洋輸送帶

環流現象在北大西洋區域最為明顯，墨西哥灣流從墨西哥灣向東北方向帶來溫暖的海水。與加拿大東部相比，在同一緯度的大西洋對側，卻保持了不列顛群島的溫和氣候。當墨西哥灣流向北方，海水會冷卻、蒸發，使其變得更鹹。因此，當洋流接近北極時，高密度的海水會下沉，並返回大西洋底部。

有跡象表明，全球暖化正在減緩大西洋底層水的循環，加入融冰的冷淡水後，鹽隨之被稀釋，並可能透過加熱表層水並而造成海水分層，使海水無法下沉。如果大西洋輸送帶停止，那將是全球暖化的一個諷刺的結果：西北歐將遭遇更寒冷的冬天。

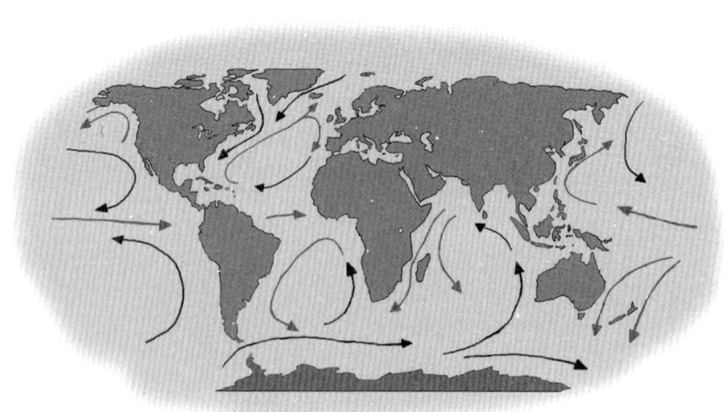

世界海洋中的主要表面洋流。

厄加勒斯角洩漏

幫助洋流循環的助力及高濃度的鹽水可能來自南方。印度洋的厄加勒斯角海流（Agulhas Current）被南非的海角擠壓，使得一些溫暖的鹽水洩漏到南大西洋。目前只有約 10% 的洩漏，但仍然是亞馬遜河淡水流量的 200 倍，而且隨著全球暖化，洩漏似乎在增加。它可以透過向大西洋系統中加入更多的鹽，來彌補北極海冰的融化造成的影響。

營養素

海洋環流的垂直組成部分對海洋生物也至關重要。浮游植物和以它們爲食的海洋生物喜歡溫暖，有陽光照射的地表水，但是它們很快就會消耗掉溶解在表面的所有可用營養素。深水提供了大量的營養，但那裡對於光合作用來說太暗了。當洋流將深水帶到地表時，營養物質也開始與溫暖的水混合，產生類似於天氣預報中的鋒面。這些區域是浮游生物的饗食天堂。將太空船上的感測器偵測代表葉綠素的綠色，可顯示這些地區浮游生物的大量季節性生長。

濃縮想法

洋流：將地表加熱

28 大氣循環

我們的地球太空船，能受到保護而不受外太空質能的破壞，只是靠著一層薄薄的大氣。但以人類的角度來看，大氣層是我們生活，呼吸和存在的廣闊天地，也是一個偉大的熱引擎，由太陽能所驅動，在全球散發熱量和水蒸氣，為我們帶來豐富的天氣。

很難說大氣有多厚。大氣分子往高處變得越來越稀少，直至進入太空。然而，即使在國際空間站的高度，距離海拔不到 400 公里處，仍然有一些原子存在。原子被電離並且活躍，其溫度約爲 2,000℃，儘管它們太稀薄而不能保持很多熱量。這是基於熱力學中，動能等於溫度的概念。

保護的面紗

在大約 80 公里的高度，來到中氣層（mesosphere），其中包括電離層，由太空宇宙射線轟擊空氣層產生。保護層如一層紗般脆弱，卻能保護我們免受宇宙 X 射線的傷害。這裡也是來自太陽的帶電粒子，沿著極點上方的磁力場線流入的地方，並產生了名爲極光的壯觀發光帷幕。中氣層並反射了短波無線電信號，使國際通訊成爲可能。

往下到 50 公里高度，我們來到了平流層（stratosphere）。這是大氣中最冷的部分，上方的太陽輻射，以及下方的對流都無法使這裡加熱。這裡是臭氧層的家園，由太陽紫外線對氧分子的作用產生的，使我們免受有害的紫外線輻射。平流層中的少量水可以在極地區域形成高冰雲，這些冰雲爲人類活動釋放的氯化合物提供基質，進而破壞臭氧。

時間線

西元前 350
亞里斯多德創造氣象學這一術語，作為一本地球科學書籍的標題

1643
托里切利發明了水銀氣壓計

1686
哈雷認為太陽能加熱是產生大氣環流的主因

1724
華倫海特發明了華氏溫標，用於測量溫度

季風

陸地透過其表面的熱效應和山脈的物理效應影響大氣環流。海洋的熱容量比陸地大，這意味著在夏季，陸地上空的空氣越來越熱，並開始上升，吸入海風。其中最引人注目的是南亞季風。在冬季，盛行風來自東北部，但在6月至9月期間，環流逆轉，從印度洋吸入溫暖，潮濕的水。喜馬拉雅山迫使空氣上升，水開始凝結，導致一些地區降雨量達10公尺。喜馬拉雅山有效地阻擋了潮濕的空氣，使青藏高原仍然乾燥。沉積物岩芯顯示，季風始於喜馬拉雅山脈上升的時期。同時，西非和東亞也出現不那麼引人注目的季風。

天氣是什麼？

80%的空氣和99%的水蒸氣都在對流層（troposphere）。對流層厚度會變化，在熱帶地區是20公里，在極地是7公里，透過逆溫層與平流層隔開，這防止了很多空氣混合。在對流層內部發生大部分熱量和水蒸氣的循環，帶來天氣變化。

> 陽光幾乎是地表發生的每一個運動的最終來源。透過其熱量產生所有的風……透過它們，海水被蒸發在空氣中循環，並灌溉土地，形成泉水和河流
>
> ——*赫歇爾，天文學概論，1849*

對流圈

對流層的大氣環流可以簡化爲一系列對流圈，將熱量傳遞到高緯度地區。這個過程始於赤道上空的暖空氣，或者更具體地說是天頂線，因爲其會隨著季節向北和向南移動，保持太陽在其頂部。空氣向北流動，直到北緯30度左右的對流層高處，此時空氣已經充分冷卻下降並再次向南流動，完成大氣循環。在南半球，相同的機制也在運作。

1735年，哈德利（George Hadley）發表了一篇論文，說明了現在

1735	1806	1928和1933	1960
哈德利解釋了大氣環流和信風	蒲福提出了分類風速的方案，後稱蒲福風級	日本的大石和三郎和美國的波斯特檢測噴射氣流	成功發射史上第一顆氣象衛星

所知的柯氏力，如何使得移動的空氣總是略微向右拉，產生從東北往西南的信風。在熱帶地區完成了大氣的流通。他的貢獻在一百年之後才得到認可，現在被稱爲哈德利對流圈（Hadley cell）。但實際上，他的解釋並不完整。當大量的空氣移動到高緯度並且因此更接近地球的旋轉軸時，氣流光是保持角動量，就將加速到風暴等級。實際上，氣壓差異也會產生影響，使風速保持適中。

另一個系統，極地對流圈（polar cell），始於南北緯約 60 度的暖空氣，並在極地轉爲冷空氣下降。在兩個對流圈之間的是第三個稍微複雜的循環，稱爲法洛對流圈（Ferrel cell）。

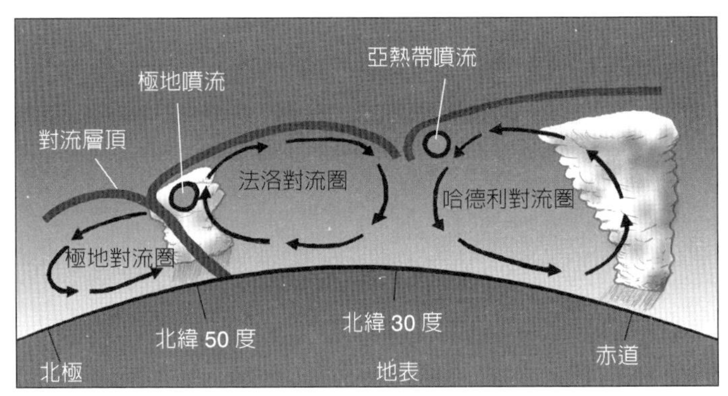

北半球的大氣對流圈。

對流圈機制不僅能解釋盛行風，還可以解釋重要的天氣系統。溫暖潮濕的空氣在赤道附近和南北緯大約 60 度上升，導致低氣壓系統和雨雲。這就是爲什麼赤道周圍有熱帶雨林，以及爲什麼常有一系列低氣壓系統穿越北大西洋，以及夾在中間的地區，因乾燥空氣下降而形成沙漠。

颶風

在溫暖的海洋之上，暖而潮溼的空氣升起，形成一個低氣壓區域，從側面吸入更多暖溼的空氣。最後將演變成一個巨大的，螺旋式的天氣系統，即是加勒比海的颶風（hurricane），印度洋的氣旋（cyclone）和西太平洋的颱風（typhoon）。它們可以持續很多天，隨著信風而加強和漂移，直到它們襲擊陸地。彼時，風速可達每小時 300 公里（或 83 公尺／秒），並伴隨著暴雨。低氣壓如此強烈，以致於在風暴中，海平面被提升達 8 公尺。一旦進入陸地，颶風即開始失去水份供應並消退。

譯註：台灣天氣預報常見「十級風」的秒速為 24.5～28.4 公尺，時速 88～103 公里。

噴射氣流

在對流層高處，對流圈的交界處是一條狹窄空氣帶，由西向東高速行進，即是噴射氣流（jet stream）。在每個半球都有兩道——極地噴流和較高但較弱的亞熱帶噴流。極地噴流中的風速可達時速 200 公里。噴射氣流可以在所謂的羅斯貝波（Rossby waves）中蜿蜒前進。羅斯貝波從西向東行進得較慢，它們的位置可決定大西洋的降雨落在倫敦或勒威克郡。

濃縮的想法
風和天氣由熱量和濕度驅動

29 水循環

使地球特殊——或許是宇宙間唯一——的特徵之一，是水在地表上以三態存在：液態水、水蒸氣和冰。這使水能夠在海洋，空氣和地球之間循環，傳遞熱量並帶來生命。

水，或至少它的原子成分氫和氧，是宇宙中最豐富的元素之一，然而我們知道，只有地球表面有豐富的液態水。在其他地方，木衛二（Europa）和土衛二（Enceladus）上可能有海洋，但這些海洋都位於數公里的冰層之下。

適居區

目前發現的數百個系外行星中，極少數可能存在適居區一與母恆星保持適當的距離，以維持液態水——但我們還沒能證明這一點。這非常引人入勝，因爲液態水是支持已知生命的少數絕對必需品之一。

水從哪裡來？

很可能，原始地球表面上的所有水，都因火山作用和碰撞而沸騰，並被強烈太陽風從早期大氣中剝離。因此，今天地球上的所有水必須來自內部的火山爆發，或外部的彗星和小行星。據估計，現今地球上約有 13.86 億立方公里的水，其中約 97% 在海洋中，2.1% 在冰帽中，0.6% 在地下含水層中，0.02% 在湖泊和河流，只有 0.001% 是大氣中的雲和

時間線　水力發電的里程碑

約西元前 250	約 100	約 1300	1878
拜占庭的菲洛首次記錄了水車的使用	水車在羅馬世界廣泛使用於採礦和灌溉	廣泛使用水磨坊磨玉米和其他工作	阿姆斯壯（William Armstrong）製造出第一台水力發電機，為他在諾森伯蘭的家提供照明

水力

水文學（hydrological）或水循環（watercycle）由太陽能供應能量。蒸發過程吸收熱量，若沒有這些熱量吸收，海洋的平均溫度將達到 65℃。隨著水的凝結，一些能量被釋放出來，爲高聳的積雨雲提供動力並積聚電荷，這些電荷以閃電方式釋放。雨水落在山區，賦予水更多的位能，轉爲水力的形式，來侵蝕岩石和運輸沉積物，產生瀑布的巨大聲響以及少數被人類使用來推動水車或水力發電機。2006 年，水力發電產生了近每小時近 3000 太瓦（TW）的電力，佔世界總發電量的 20% ，超過核電的發電量，並佔可再生能源發電量的 88%。

蒸汽。

水流去哪裡？

水完全參與地球上的動態過程，在海洋、空氣和陸地之間循環。每天約有 1,170 立方公里的水蒸發，其中 90% 來自海洋。在不同情形下，每滴水的循環週期有巨大差別，在地下含水層和南極冰帽中大約爲 1 萬年，在海洋中的循環大約是 3000 年，在河流中需要幾個月的時間，但是在大氣中循環，平均週期僅需 9 天。

蒸餾

水循環使地球上的水具有穩定蒸餾和純化的機制。水從海洋蒸發，會留下鹽和其他物質。在大氣中，水溶解二氧化碳產生弱酸，促進岩石的化學風化，但蒸餾作用基本上爲河流，湖泊和地下水提供乾淨的水來源。這些含水層進一步過濾水，並添加其他溶解的礦物質，作爲植物和水生生物的養分。

1881	1928 年	1984	2008
美國尼加拉瓜瀑布建立世界上第一個水力發電廠	胡佛水壩成為世界上最大的水力發電廠，額定發電為 13.45 億瓦	巴西伊泰普（Itaipu）成為世界上最大的水力發電廠，發電量達 140 億瓦	中國三峽大壩開通，發電容量為 225 億瓦

> 對許多人來說，水只是來自水龍頭，除此之外幾乎沒有思考過它。我們已經失去了對野外河流，對濕地的複雜作用，以及水所支持的錯綜複雜的生命網路的尊重。
>
> *——波斯特（Sandra Postel），最後的綠洲：面對缺水危機，1997 年*

生命之水

幾乎所有的化學反應都在水溶液中進行，因此液態水至關重要。在大多數植物和動物中，水仍然是占比最高的物質。除了提供化學作用的基質以外，還提供生存所需的最重要反應之一：光合作用的關鍵部分。使用巧妙的酶與膜系統，植物葉子中的葉綠體能分解水分子，並將其與二氧化碳結合，產生氧氣，和構建生物質的碳氫化合物。在 20 多億年前，光合作用改變了整個地球大氣層，使氧氣和二氧化碳在今天保持微妙的平衡。

在乾旱下生存

只要有一些可用的水，生物體就已經開發出應對鹽度，乾旱和冰凍的複雜方法。這三個環境的挑戰都可以產生類似的影響：鹽水可透過細胞膜將水分吸收；乾旱會使細胞口渴；而嚴寒會使水結冰，把細胞撐破或使水無法取用。沙漠植物使用一種叫做海藻糖的特殊糖來保護細胞，一種稱爲緩步動物（tardigrades）的小型無脊椎動物（看起來像六隻腳的小泰迪熊）能夠承受液態氮的凍結，當解凍時還可以輕鬆回復活動能力。極地水域的魚類血液中含有特殊的防凍劑，可抑制血液凍結。在冬天，南極鱈魚的血液甚至冷至於低於冰點，只要用冰晶晶種碰觸它就會使它凍結成固體！

許多細菌，特別是稱爲丁香假單胞菌（pseudomonas syringae）的物種，在其表面上具有促進冰晶形成的蛋白質。有證據表明，這些蛋白質在大氣的冰晶雲中起著重要作用，能導致降水和冰雹。透過噴灑轉殖基因品種（稱爲減冰細菌）可以保護作物免受霜凍損害，雖然有些人擔心這種情況的廣泛使用會影響降雨。

優養化

集約化農業的一個危害是過量的化學肥料，特別是那些含有氮和磷的化學肥料，溶解在地下水和地表徑流中，給河流，湖泊和沿海水域增加了過多的養分。這與未經處理的污水一起，有時會導致藻類大量繁殖，耗盡水中的所有溶解氧，導致水域變爲缺氧，或稱優養化（eutrophication）。生命無法在這些優養化的湖泊和海洋底部的水中生存，除了厭氧細菌以外。目前，歐洲、亞洲和美洲約有一半的湖泊正處於優氧化狀態。

水與氣候

大氣中的水蒸氣是溫室效應的重要因素。沒有水蒸氣，地球平均溫度將會是 -30℃。氣候模型的證據表明，全球暖化將導致蒸發增加，並可能加劇暖化，也可能加劇水文循環，增加已經多雨的赤道和高緯度地區的降雨量，同時使乾旱地區更加乾旱。

濃縮想法

水：承載能量，維持生命。

30 碳循環

如果水是生命的血液，碳則是構成生命的身體。就像水一樣，碳將生命與影響整個地球的複雜循環結合在一起。對於永恆而言，生命有助於維持碳循環，使大氣中的絕緣二氧化碳覆蓋層與增加的太陽輻射保持一致。現在，人類活動有可能破壞過去的努力。

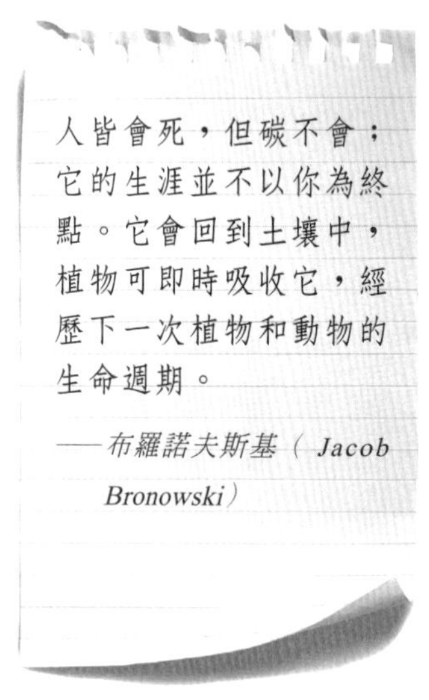

碳循環涉及大量碳儲量之間的重要交換。岩石、土壤、海洋、生物質和大氣中的碳含量巨大，每年在其間的碳循環達數十億噸。但在這個循環中，只要一個微小的不平衡就可能會對氣候產生重大影響。

碳儲量

地殼擁有早期大氣的化石殘骸。20 億年前，隨著生命的發展，作爲保溫材料的大氣層被消耗，將二氧化碳最終轉化爲石灰石、白堊、煤和石油。地殼中大約有 10 萬兆噸碳，與無生命的金星大氣中的碳含量大致相同。這意味著如果地球上沒有生命的話，溫室大氣將會使地球變成另一個金星。

保存在地表附近的碳含量較少，但仍然相當多。最大的儲藏區位於土壤和深海中，其次是海洋表面水和陸地上的生物圈。大氣中的二氧化碳僅佔總儲量的一小部分，約爲 7500 億噸。其中，大氣與其他儲藏之間每年交換約 2000 億噸，大約一半是與海洋的氣體交換，而其餘部分透過陸地上的光合作用和呼吸來交換。

時間線

1789
拉瓦節（Antoine Lavoisier）實驗證明，呼吸與燃燒是相同的化學反應

1800
冰芯顯示大氣二氧化碳濃度為 290 ppm

1859
廷得耳證明二氧化碳和水蒸氣會吸收熱輻射

1896
阿瑞尼斯（Svante Arrhenius）說人類二氧化碳釋放可能會導致氣候暖化

海洋碳

海洋所含有的碳是大氣的 60 倍，每年從空氣中溶解約 920 億噸二氧化碳。其中一些在海洋表面水中循環，一部分被浮游植物消耗，但之後又被釋放。90 億噸返回大氣層。大約 20 億噸從循環中移出並沉入海底。這在很大程度上要歸功於洋流的下降，還有橈足類動物的糞便！這些微小的浮游動物以微觀藻類爲食，排泄大量密集的糞便顆粒，足以像細雪一樣沉入海洋深處。

把平衡傾斜

這些交換量或多或少地達到平衡，並透過海洋沉積從循環中去除略微過剩的部分。但這些數字不包括因燃燒化石燃料排放到大氣中的二氧化碳，每年達 55 億噸。這些過剩二氧化碳中的 10%，似乎透過海洋中的沉積以及陸地上的森林從大氣中吸收掉，但其餘的並沒有。

1958 年，基林（Charles Keeling）開始收集夏威夷茂納羅亞天文台頂部的空氣樣本，此地空氣遠離任何污染源。他測量了二氧化碳含量並發現了常規性的季節變化。但是，當他持續測量時發現，每年大氣中二氧化碳濃度越來越高。由此產生的「基林曲線」現已成爲暖化標誌性的象徵。此調查始於 1958 年，當時二氧化碳濃度爲 320 ppm；到 2011 年，其濃度已達到 391 ppm。按此速度，將在 2015 年超過 400 ppm，到本世紀末更可達到 450 至 850 ppm 之間。*

溫室效應

1859 年，廷德耳（John Tyndall）在倫敦皇家學院工作，測量不同氣體吸收熱輻射的能力。他試過氮氣和氧氣，但效果不大。接著他又測

* 譯註：2013 年的測量已測出大氣二氧化碳含量超過 400 ppm。

1958	1988	2005	2009	2011
基林在夏威夷開始測量大氣二氧化碳濃度	聯合國氣候變遷小組在里約熱內盧氣候大會上成立	京都條約生效，由美國以外的所有工業化國家共同簽署	哥本哈根會議對各國二氧化碳排放限制的談判破裂	大氣二氧化碳濃度達到 391 ppm

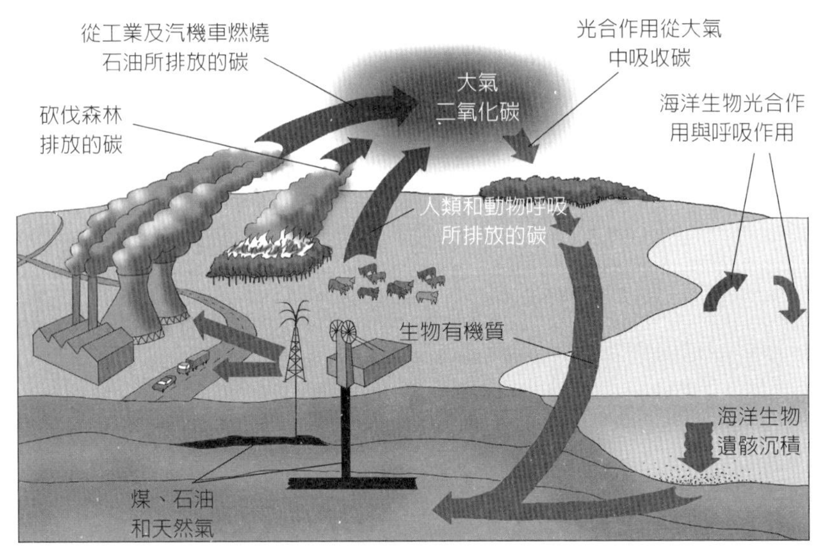

碳循環的主要組成部分。

試了水蒸汽和二氧化碳，結果影響非常可觀。今天，我們了解他所發現的就是溫室效應（greenhouse effect）。來自太陽的光線很容易穿過大氣層，也可以輕易反射回太空。但其中一些會使地面變暖，並轉為紅外線或熱輻射，被二氧化碳、水蒸氣和其他溫室氣體吸收，將熱量保持在對流層，最終使氣候暖化。沒有溫室效應，地球很久以前就會凍結，但隨著二氧化碳濃度的上升，全球氣溫也會上升。我們將在下一章中研究

森林碳

在陸地上的植物和動物含有超過 60 億噸的碳。森林含有 86% 的地表碳，以及留在土壤中的大量碳。每年陸地植物的光合作用吸收約 1000 億噸碳，其中約 60% 保留在木材等生物質中。但是，二氧化碳透過燃燒和翻攪土壤、森林砍伐而再次迅速釋放出來。由於植物在較高濃度的二氧化碳中傾向於更快地生長，因此在移除大氣中過量二氧化碳上，森林可能只做出很小的貢獻。

其可能產生的後果。

甲烷

二氧化碳不是大氣中唯一的碳形式，甲烷也有微量存在，通常由細菌活動所產生——在濕地、苔原、海洋沉積物，和牛的消化道中。甲烷也是一種比二氧化碳更強的溫室氣體。由於農業密集和北極苔原暖化，目前甲烷濃度正在上升，但是我們有更大的潛在問題。大量的甲烷以天然氣水合物的形式凍結在海底，如果海洋變暖或海平面下降，甲烷會被釋放。5500 萬年前，在氣候迅速升溫後，忽然有大量碳排放到大氣中，據信這是由於海底天然氣水合物大量釋放出甲烷。

濃縮想法

碳循環中的微小不平衡會擾亂氣候

31 氣候變遷

自新石器時代開始，人類已經享受了相對穩定的氣候，這是十分幸運的事情。地質記錄顯示，過去氣候並非如此穩定，而氣候系統的電腦模型表明，未來也不會如此樂觀。

關於氣候變化的研究比看起來更艱難。我們非常習慣極端的天氣——熱浪、寒冷的冬天、洪水、乾旱等等，但這些變化與氣候變遷不同。爲了識別氣候變遷，我們需要在全球範圍內，進行長時間的多次測量，並達到統一的標準。

獲取地球溫度

使用溫度計測量的準確溫度記錄，僅可追溯到 150 年前左右；在此之前的溫度，需要使用替代的方式來獲得，包括歷年農作收穫時間的紀錄，冬季冰覆蓋的範圍，以及諸如樹木的寬度，和沉積物及冰芯中之同

80 萬年冰

下雪時，積雪間的空隙中充滿了空氣。在格陵蘭島和南極洲，雪不會融化，它會逐年堆積並逐漸被壓縮，使雪變成冰。空氣無法從冰中逸出，因此這些冰層內包含了雪和大氣的記錄。有史以來最深的冰芯，來自東南極洲冰川中心的 C 號冰穹（Dome C），從這裡獲得了 80 萬年前的氣候紀錄。水中的氧同位素比率提供了周圍海洋溫度的線索，而氣體樣本顯示了當時的二氧化碳濃度。這兩者密切相關，並同時指向一個事實—今天大氣的二氧化碳濃度是 80 萬年以來的最高點。

時間線　過去的氣候紀錄中的高點和低點

5500 萬年	325 萬年	18000 年	12800-11600 年
突然變暖，與甲烷大量釋放相關	冰川交替週期，標誌著最近一次冰期的開始	冰川達最大面積	新仙女木期：突然變冷

位素比率的自然記錄。在過去一個世紀中，這些紀錄可以利用溫度記錄的數據進行準確校準。

中世紀溫暖期

所有的紀錄皆表明，過去曾有一段溫暖的時期，在西元 950 年到 1250 年之間。由文獻紀錄得知，英格蘭的修道院此時擁有繁榮的葡萄園，而維京人則在格陵蘭島沿岸成功殖民。

小冰期

約西元 1550 年到 1850 年之間，特別是在 1650 年和 1770 年開始，爆發了嚴重的寒潮。這反映在 1565 年老布勒哲爾（Pieter Bruegel the Elder）的冬季畫作，和歷史記錄中，包括 1658 年的冰凍波羅的海繪畫，以及 1607 至 1814 年間，在凍結的泰晤士河上舉行的冰上博覽會。這個時期稱為小冰期。嚴寒的冬天反映在樹木間隔緊密的年輪上；甚至有人認為，寒冷產生了緻密的木材，幫助克雷莫納的小提琴製造商，如史特拉迪瓦里（Stradivarius），製造具有優美共振的小提琴。

現今已對小冰期的成因提供了幾種解釋，但最可能的解釋是太陽活動的下降。如太陽黑子所反映的，太陽的活動有一個 11 年的週期。由太空觀測已經證實，當太陽黑子數量增加時，太陽輻射會略微增加，尤其是紫外波長。在 1645 年至 1715 年之間，太陽黑子活動幾乎停止，這段期間稱為蒙德極小期（Maunder Minimum）。

火山影響

能在氣候紀錄留下痕跡的事件裡，以火山爆發為主。最有完善紀錄的是 1991 年在菲律賓的平納吐波火山，它向平流層噴射大量火山灰和硫酸鹽氣懸膠體，使得到達地球表面的陽光量顯著減少，導致全球接下

50-1250	1645-1715	1816 年	1991	1998-2010
世紀的溫暖時期。京人進入格陵蘭島墾	蒙德極小期，太陽活動最低：小冰期及泰晤士河冰上博覽會	坦博拉火山爆發造成歐洲的無夏之年	平納吐波火山的氣懸膠體，全世界溫度降低了 0.5°C	自 1850 年以來最熱的年份

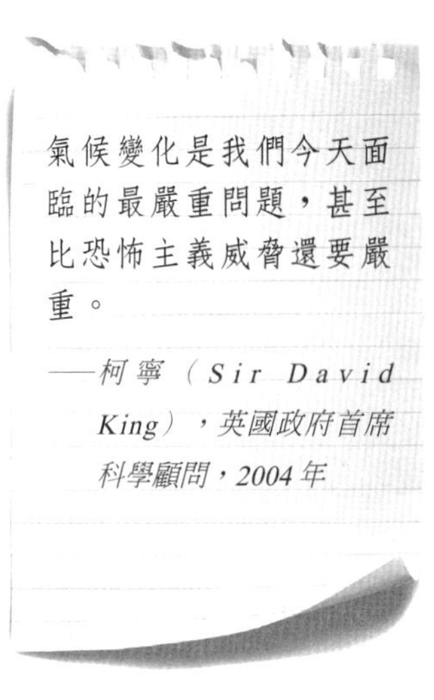

來兩年的平均氣溫下降了半度。1815 年，印尼的坦博拉火山爆發，造成第二年在歐洲的「無夏之年」，農作物歉收，並在 1816-17 冬季造成數千人餓死或凍死。而大約 7 萬年前，在蘇門答臘發生的更大規模的多峇火山爆發，可能幾乎使人類絕種。

全球調暗

在大氣中，火山氣懸膠體可形成一層淡淡薄霧，反射陽光並使地面變冷。而空氣污染造成的氣懸膠體作用亦同，結果會使得全球變暗。從 1950 年代開始的系統觀測顯示，1950 年至 1990 年間，到達地球表面的太陽光量減少了約 4%。隨後，平納吐波火山的火山灰，部分掩蓋了溫室氣體所造成的全球暖化。諷刺的是，1990 年代後期的迅速變暖，竟可能部分歸因於污染減少。

冰河時期

回顧地質記錄，氣候變化似乎比人類歷史上任何經歷過的都要大得多。回顧 325 萬年以來的歷史，地球經歷了一系列的冰河時期（見下一章）。冰川的最大面積與大氣中二氧化碳含量極小密切相關，但氣溫上升似乎走在二氧化碳濃度升高之前約幾百年。氣候變遷懷疑論者都用這個證據認爲，全球暖化不是由二氧化碳所引起。但事實上，時間的錯開

氧同位素

地球上的大部分氧的原子量爲 16，但也有一個稍重的同位素，即氧 -18。含有較輕氧 -16 的水在低溫下稍微容易蒸發，因此氧 -18 與氧 -16 的比率反映了海洋表面溫度。蒸發後留下的海洋表面氧氣，被納入微小有孔蟲的碳酸鈣殼中，並成爲海洋沉積的核心部分。其中氧 -18 比率越高，代表它們生長時，水的表面溫度越低。相反的，氧 -18 比率在冰芯中越高，代表冰形成時的海洋就越溫暖。雖還有其他複雜因素，但透過計算，可以追蹤數億年來的海洋溫度。

可能是由於暖化的正回饋。地球軌道的變化導致海洋變暖，海洋開始釋放大量二氧化碳，使二氧化碳濃度驟升。這最終會導致氣溫升得更高。

氣候地質學

再往過去看，從氧同位素的比例得知，在我們祖先的時代，二氧化碳含量及氣溫都比現在高得多。雖然過去還有其他冰河時期，但在兩個冰期之間，全球氣溫通常比現在高出 10 到 15℃。這意味著地球的氣候有不同的穩定狀態，其中有著微妙的平衡。現在的問題是：我們是否正處在驟變為另一個溫暖世界的臨界點？

濃縮想法
氣候不斷變化

32 冰河時期

地球歷史上，最近的 325 萬年是冰河時期與溫暖間冰期快速交替的時期。長期的寒潮被稱為冰河時期，是地球在軌道上的擺動引起的，導致地球接收太陽輻射量的變化。冰河時期可能是驅動人類演化的關鍵時期。

漂礫

在 18 世紀，自然科學家注意到，阿爾卑斯山谷中巨大的，被稱爲「漂礫」（erratic boulders）的巨石，並推測它們是由冰川所帶來，這些冰川曾比今日分布更廣泛。1840 年，經過十年來對魚類化石的研究，一位名叫阿格西（Louis Agassiz）的年輕瑞士地質學家，將注意力轉移到阿爾卑斯山周圍的沙、礫石和巨型漂礫表面的刮痕。他的結論是，岩石被遺留在那裡，不是由個別冰川所爲，而是由一塊曾經覆蓋整個山脈的巨大冰帽所帶來。他並提出「冰河時期」這一名詞。

冰的覆蓋程度

阿格西推測，冰川從北極延伸到地中海，橫跨大西洋和整個北美洲。今天，阿爾卑斯山冰帽是孤立的，但當時極地冰帽確實很大，橫跨斯堪的那維亞半島，幾乎一直到歐洲的泰晤士河和北美的五大湖以南。彼時，冰層厚達 3 公里，冰量如此之大，導致全球海平面降低了約 110 公尺，使大陸棚變成了陸地，爲動物和人類的移動創造了陸橋。

時間線

24-21 億年	8.5-6.3 億年	4.6-4.2 億年	3.6-2.6 億年
最早已知的冰川作用：休倫冰河時期	成冰紀，已知最嚴寒的冰河時期	大極地冰帽發展，冰川不如成冰紀一樣嚴重	卡魯冰川在南非和阿根廷留下冰川沉積物

冰河時期的沙漠

世界上許多沙漠都集中在赤道南北 30 度左右的緯度，在那裡，涼爽乾燥的空氣從大氣環流的哈德利對流圈下降。從陸地和海洋沉積物岩心中的風成沉積物中可以清楚地看出，當時的沙漠分布更爲廣泛，北非的湖泊在約 18000 年前的末次冰期鼎盛期，是處於最乾旱的狀態。這被認爲是由於陸地和海洋溫度之間的差異較小，從而導致非洲和亞洲季風減弱。在冰川循環開始時，東非的乾旱可能驅使人類演化。

前進與退縮

在一些舊的教科書上仍寫著，上一個冰河時期有四次冰川事件。事實上，這個故事要複雜得多，現在已經確定了至少有 20 個冰期，其間穿插著相當溫暖的間冰期，茂密的植被和廣闊的動物群回歸。早期的獵人跟隨遷移的草食動物群穿過今天的北海平原，並且有許多證據表明，英格蘭地區曾被六七種不同的人種所佔據，首先是海德堡人，然後是尼安德塔人，最後是智人。

成因

冰河時期的確切成因尚不清楚，是幾個因素的複雜相互作用，其中最明顯的似乎是地球軌道的變化，被稱爲克羅爾—米蘭科維奇循環（Croll-Milankovich cycle），由蘇格蘭科學家提出假設，再由塞爾維亞工程師和數學家繼續發展。這裡匯集了三個因素：地球圍繞太陽的軌道的偏心度、地軸的傾斜度和地軸的進動（就如旋轉陀螺的軸會畫出圓圈的軌跡一樣）。這些變化的周期都不太相同——分別爲大約 400,000 年，41,000 年和 26,000 年。結果是，在不同季節裡，太陽輻射照射地表的量都不相同。根據這個循環，若沒有任何人爲引起的全球暖化，則

325 萬年	240 萬年	80 萬年	18000 年
目前一系列冰河時期的開始	冰河擴大	最老的冰芯記錄了自此日期以來的八個冰川面積的最大值	最近一次冰期結束

米蘭科維奇 MILUTIN MILANKOVICH，1879-1958

米蘭科維奇是塞爾維亞數學家和土木工程師，於 1909 年在貝爾格萊德大學（University of Belgrade）擔任教授。他計算照射地球的太陽輻射量及其變化情況，並在 1914 年發表了第一篇以天文學理論解釋冰河時期的論文。他搬到了奧匈帝國結婚，當第一次世界大戰爆發時，他被視爲塞爾維亞公民，在接下來的四年裡一直在監禁中，並完善他的理論。1920 年，他出版了一本專著，詳細描述了複雜的軌道變化如何相互作用，以產生米蘭科維奇循環，去啟動冰河時代的週期。他接著計算了火星的表面溫度，說明它不能支持生命存活。到 1941 年，他完成了一本總結他的科學工作的書。在戰爭再次爆發時剛好印刷出來，而貝爾格萊德的印刷廠遭到轟炸，讓米蘭科維奇只留下唯一一本複本。

地球將會在 15,000 年後再次出現冰河期。

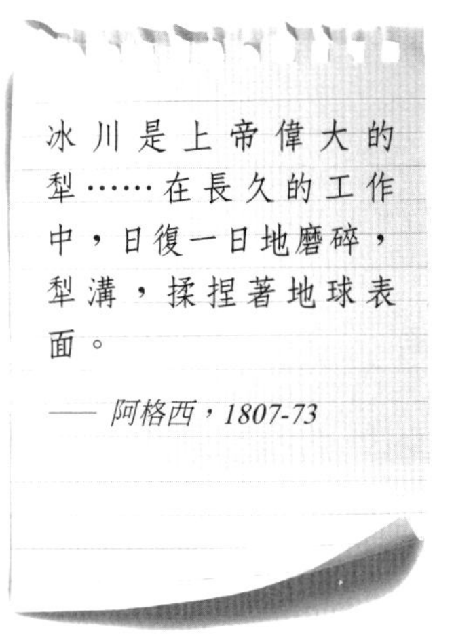

問題

「太陽驅動」似乎與冰期循環相符，但不能完全解釋。在最初的 200 萬年中，週期在 4.1 萬年左右；但在最後的一百萬年裡，轉變成以 10 萬年爲一周期的變化。這可能與太陽驅動背後，冰溶化的時間延遲有關。此外，太陽輻射的變化似乎遠小於所導致的氣候變化。這可能部分歸因於各種正回饋機制。例如反照率。行星反射回太空的太陽輻射量，隨著白色冰蔓延，更多的陽光被反射，因此冷卻程度增加。當升溫開始後，更多的二氧化碳從變暖的海洋等處增加釋放。這些因素的相互作用是複雜的，但米蘭科維奇循環似乎是中心。

最近一次冰河時期的觸發點，可能是巴拿馬地峽的關閉，將大西洋和太平洋的環流分開所致。

反彈

所有冰塊的重量壓在北方大陸上，並將其壓進地函。當冰融化時，板塊開始反彈，就像軟木塞在地面上彈起一樣，只是慢得多。這就是地函的剛度，它們每年僅上升約 1 公分。這個過程在冰期結束之後仍然持續了一萬年，其結果包括在蘇格蘭的一片貝殼覆蓋的海灘，竟出現在海拔 80 公尺處。

遠古冰河時期

過去幾百萬年的冰河時期並不是史上唯一的。過去可能至少有五次主要的冰川事件，穿插著溫暖的間冰期，溫暖到根本沒有極地冰帽。第一個冰河期大約從 24 億年前開始，可能與光合作用的增加，海洋藻類大量消耗大氣中的二氧化碳有關。最明顯的標誌是加拿大休倫湖（Lake Huran）周圍的石頭，裡面含有滴水石，是大塊岩石在海冰上運載並在深水中釋放的痕跡。接下來是前寒武紀末期最嚴寒的冰河時期，我們將在後面的章節敘述。另一個發生在奧陶紀末期，第四個冰期從 3.6 億年前開始，持續了約一億年，在南非和阿根廷留下冰川痕跡（見時間線）。

濃縮想法
微小變化導致全面凍結

33 冰帽

地球的極點被冰覆蓋。這些地方是美麗的，同時科學家們也對這裡很有興趣。在地質史的大部分時間裡，地球沒有極地冰帽，而海平面相應地較高，但目前兩極冰帽已持續數百萬年。這些冰帽正受到威脅嗎？極地邊緣的氣候暖化速度比地球上任何其他地方都要快。

冰凍的海洋

北極與南極是非常不同的地方。北極位於被大陸包圍的海洋中間，而南極位於被大洋包圍的大陸上。因此，除了巨大的格陵蘭冰帽之外，北方冰層漂浮在海中，這意味著，特別是在夏季，冰層很容易開始融化和分解，並且永遠在移動中。另一方面，如果冰川融化，浮冰不會使海平面上升。

冰凍的大陸

南極洲比美國大，幾乎完全被冰覆蓋。總共有近 1400 萬平方公里的冰；冰平均厚度近 2 公里，佔地球淡水的 75%。由於冰的厚度，南極洲是最高的大陸，也是最冷，最乾燥和風速最強的。地球表面所記錄的最冷溫度是在東南極洲俄羅斯東方站（Vostok station，又譯爲沃斯托克站）的 -89℃。

時間線　極地探險的里程碑

1820	1841	1845-48	1903-06	1909
俄羅斯船長別林斯高晉和他的船員是首次看到南極洲的人	羅斯到達後來以他為名的冰棚	約翰・富蘭克林對西北航道的探索因疾病而失敗	阿蒙森穿越西北航道	皮瑞是首次到達北極點的人（有爭議）

海冰

冰在太陽輻射較少的兩極發展。在北極圈以北和南極圈以南，太陽在冬季有幾個月不會升起，甚至在夏天也不會達到高角度。陸地上的冰帽都是積雪形成的，而當海水凍結時，海冰會開始自動形成，儘管隨後可以積雪在冰上。南極洲周圍的大部分海冰都是季節性的，很少超過六個月，厚度只有幾公尺。北極海冰則可以持續數年，達到 4 至 5 公尺或更厚的厚度，並被壓縮成冰脊。

隱藏的湖泊

俄羅斯的東方站是地球上最寒冷的地方，位於南極洲東部一個非常平坦的冰層上。雷達和地震調查表明，這是因爲其建於湖上。冰的厚度接近 4 公里，但在冰層下面是一個液態湖。湖面積與安大略湖相當，深度超過 300 公尺，因此水體積是其三倍，是南極洲 140 個冰川湖中最大的湖泊。它可能已經被隔離了數百萬年，並且包含由湖床中的熱液溫泉滋養的奇妙生命形式。在撰寫本文時，俄羅斯所鑽探的冰芯距離湖面僅 50 公尺，並可能在下一年度採樣 *。與此同時，英國科學家正計劃鑽探另一個冰川湖，埃爾斯沃思湖（Lake Ellsworth），其面積與溫德米爾湖相當。

譯註：俄羅斯科學家於 2012 年 1 月恢復鑽探湖泊並於 2012 年 2 月 6 日到達水面。研究人員允許湍急的湖水在鑽孔内凍結，數月之後，他們收集了這種新形成的冰的冰芯樣本。

西北航道

從 15 世紀後期開始，尋找前往太平洋的「西北航道」成爲一些航海探險家的夢想。在接下來的 400 年裡，包括約翰・富蘭克林（John Franklin）於 1845 年的探險活動，都進行了許多不成功的，甚至是致命的探險。挪威人阿蒙森（Roald Amandsen）最終在 1903 年到 1906

911 年 12 月 14 日
蒙森的隊伍首次抵達南極點

1912 年 1 月 17 日
史考特的隊伍抵達南極點

1914-17
沙克爾頓乘坐堅忍號進行南極考察，最近一次極地探險

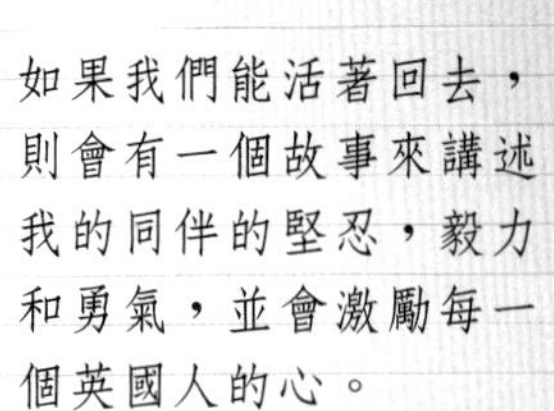

如果我們能活著回去，則會有一個故事來講述我的同伴的堅忍，毅力和勇氣，並會激勵每一個英國人的心。

——史考特（Robert Falcon Scott），死於南極的探險家，1912 年 3 月 25 日在日記中的最後一段文字

年成功穿越冰面。今天，在許多夏天裡，北極海域很容易通過。每年都有更多的冰破裂融化，每年九月可航行水域變得越來越廣，衛星測量也表明剩下的冰也越來越薄。從氣候模型預測，到本世紀末，北極的夏季將完全沒有海冰，但以目前的退縮速度來看，海冰可能提早到 2050 年就消失。

隨著北極水域變得容易通行，西北航道可能將成爲主要的貿易路線，還可以在海底開採石油和礦藏。隨著水的升溫，大量沉積的甲烷水合物可能變得不穩定，導致這種溫室氣體的大量釋放。隨著海冰的形成，鹽類從冰中被排出，結果使剩餘的海水變得更鹹和更濃，這有助於生產維持大西洋輸送帶的底層海水。但如果形成的冰較少，可能會擾亂海洋環流。

南極洲的隔離

在 1.7 億年前，南極洲是岡瓦納大陸的一部分，岡瓦納大陸是一個擁有森林和恐龍的熱帶超大陸。分裂在 1.6 億年前始於非洲，再來是 1.25 億年前的印度和 4000 萬年前的澳洲一紐西蘭。冰開始在冷卻的大陸上形成，但直到近 3400 萬年前，南極洲和南美洲之間的德雷克海峽開通之後，大陸才完全被冰覆蓋。這使得洋流在南極洲周圍從西向東流通，將南極與附近的溫暖洋流隔離開來。

失落的地貌

冰對機載雷達是透明的，這導致了早期飛行員的一些不幸的致命失誤。近年來，研究飛機一直在調查東南極洲冰層深處的地貌。他們看到了壯觀的山脈和峽灣景觀，而這一紀錄也顯示了東南極冰帽在過去 3400 萬年中如何發展和退縮。

冰正在移動

冰不會停留很長時間。在東南極洲的中心，冰的厚度為 3,000 公尺，並積累了數萬年，但與此同時，它以非常緩慢的速度流動。在陸地邊緣和冰川周圍，冰流動得更快，在海面上散布著，形成數百公尺厚的浮冰棚，最終分解成巨大的冰山。冰川在陸地上的運動其實受到充分潤滑。來自上方的壓力和來自地底的熱量導致冰溶化，使冰川在濕滑的泥層上滑行。只要冰雪向外流動的速度與積雪的累積速度相匹配，那麼一切都會順利進行。

南極洲的軟肋

但在西南極洲則是不同的情形。即使冰層遠遠高於海平面，這裡的大部分陸地其實都在海平面以下，使得這地區特別容易被變暖的環繞洋流所影響。松島冰川的面積與德克薩斯州相當，是南極洲最大的冰川，在過去的幾年裡，冰層開始以驚人的速度加速流動和變薄。一艘在冰川邊緣冒險的無人潛艇發現，部分冰川已在一塊大岩石上融化，使其無法坍塌入海。如果整個冰川崩解，將使全球海平面迅速上升四分之一公尺。如果它們周圍的冰川全部融化，將使海平面升高 1.5 公尺。

濃縮想法

古大陸上的冰層開始融化

34 雪球地球

地球歷史上有五個較大的冰河時期，但沒有一個比前寒武紀晚期的成冰紀更為嚴重。在這段時間中，冰層延伸侵入了熱帶地區。這個時期最大的地質爭議之一，圍繞著整個地球是否完全冰封，形成一個雪球地球？以及，如果雪球地球真的曾經發生，又是如何結束的？

墜石

近一個世紀以來，地質學家一直注意到，在意想不到的地方有冰川沉積物一有一些離現在的極地非常遠。但是晚期前寒武紀岩石的紀錄是片段的，有時很難識別出古岩層中的冰川沉積物。不過有些證據是不需解釋的，那就是墜石（dropstone）的存在：在其他細粒海洋沉積物岩層中，遺落在地面，遠離陸地的大石塊。只有一種已知的機制可以將它們帶到那裡，即是藉由冰川所運送。

前寒武紀大陸

隨著 1960 年代板塊構造的發展，人們意識到大陸並不總是處於現在的位置。岩石中磁性物質的方向可以顯示它們沉積時的緯度。這些證據說明，如加拿大、格陵蘭、斯瓦爾巴群島、納米比亞和澳洲等陸地，在約 6.4 億年前都在赤道附近，但都帶有冰川作用所遺留的沉積物。

時間線　雪球地球理論的發展

1949	1964	1966	1992
莫森表明前寒武紀冰川沉積物遍布各大洲	哈蘭德發現，斯瓦爾巴和格陵蘭的墜石，是在熱帶緯度沉積	布迪科計算，如果冰從極地延伸到南北緯 30 度，冰封將繼續延伸至赤道	柯胥文創造「雪球地球」一詞

正回饋

1960 年代，對全球核戰爭的恐懼，導致了對核子落塵和氣懸膠體雲的冷卻效應的計算。數據顯示，如果冰層範圍由南北向赤道延伸 30 度，會增加反射回太空的陽光量，以致於會產生正回饋：更多的冰將導致氣溫更冷，最後將使全球凍結。這個過程可能是由地球軌道的變化，太陽能輸出的減少，以及太陽系穿過銀河系的螺旋臂引起的宇宙射線，引發大氣雲量增加。

永恆的雪球

在 1992 年的一篇論文中，加州理工學院的柯胥文（Joe Kirschvink）創造了「雪球地球」一詞，來描述這種全球冰封，並暗指在前寒武紀曾發生過。但批評者提出了一個問題：由於行星是一個明亮的白色雪球，沒有海洋蒸發並產生雲，太陽輻射將繼續反射到太空中，冰封循環將永遠不會被打破。

霍夫曼 PAUL HOFFMAN，1941 年－

加拿大地質學家霍夫曼是一個堅定的人。他曾參加幾場馬拉松賽事，直到第九場，1964 年的波士頓馬拉松時，他意識到自己不太可能打破世界紀錄或贏得奧運獎牌。他相信只有最好的才夠好，因此他選擇了地質學，並成爲哈佛大學的教授一是學術界最負盛名的職位之一。每年他都會去世界偏遠地區，特別是納米比亞北部的山丘進行實地考察，在那裡，他研究了前寒武紀的沉積岩，證明它們是冰川造成，並推測上覆的碳酸鹽沉積物在是突然解凍後才出現的。從那以後，他一直是雪球地球的熱心倡導者。

柯胥文提出了一個解決機制——來自地球內部的熱源。不論冰是否存在，火山仍然會爆發，並釋放出二氧化碳。如果沒有開放的水域，

1998
霍夫曼和施拉格發表重要論文，關於納米比亞冰川沉積和碳酸鹽岩的覆蓋

2006
雪球地球會議爭論冰封是否在全球範圍

2010
加拿大冰川沉積的準確年齡為 7.165 億年，當時該區域位於赤道

二氧化碳就不會溶在海洋中，並會在 1000 萬年後累積到使大氣中含有 10% 二氧化碳。全球的冰都無法在如此的溫室中存續，因此將會有快速融冰和壯觀的熱浪發生。

碳酸鹽帽

哈佛大學地質學家霍夫曼，在 1998 年的論文中提供了進一步的證據。他曾研究過納米比亞的冰川沉積物，並注意到它們經常被石灰石覆蓋。他認爲，這些所謂的碳酸鹽帽，是岩石在一場暖雨中快速化學風化的結果，在十萬年內快速降低二氧化碳量，及造成石灰石沉積。

碳在自然中存在兩種穩定的同位素：碳 -12 和碳 -13。活的生物體傾向於集中碳 -12，但碳酸鹽帽仍含有碳 -13，這表明它們從火山產生的二氧化碳而來。並且，在碳酸鹽的底部，碳酸鹽富含一層銥（iridium，Ir）。銥在地表上很罕見，幾乎都來自太空的隕石和落塵。一千萬年的冰層表面的落塵可累積足夠的銥。

缺氧水域

冰河時期以條帶狀鐵的形成爲特徵，由可溶性氧化亞鐵氧化成不溶性氧化鐵而沉澱所產生。爲了積累亞鐵鹽，需要大量的缺氧水域，而如果海洋被冰封在底層，就可能會發生。

雪球與生命

直到 7.2 億年前，陸地上仍然是光禿禿的，但海洋中卻有豐富的生命。光合藻類和藍藻已經改變了大氣層，吸收了二氧化碳並釋放出氧氣。雪球地球一定是一場可怕的災難，生命幾乎沒有倖存下來，但活著的能充分利用這個機會。一旦冰融化，會突然出現一個沒有競爭，營養豐富的水域的新世界。在最後一次冰期結束後不久，我們發現了多細胞動物出現生命多樣性的第一個明顯證據。正如將在下面章節中敘述的。接下來就是古生物學的領域了。

判決結果？

雪球地球理論在令人信服的證據的支持下，訴說了一個引人入勝的故事，但科學陪審團尚未達成一致的判決。一方面，原始生命如何在這樣的災難中倖存下來？那時的生命都在海中，主要由藻類和細菌組成。生物怎樣才能透過厚冰獲得光合作用所需的光？一個可能的解答是，如果冰凍過程緩慢，則冰幾乎是透明的。在 5 公尺厚的冰下，南極洲乾燥的山谷中，生物仍可繼續進行光合作用。

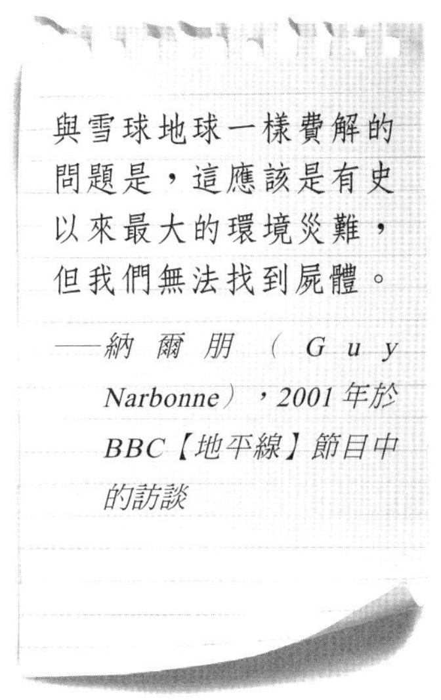

最重要的問題是：冰封程度有多完全？在開闊的水域中，冰山可以漂流到赤道上，批評者說，即使是一小塊開放水域，也足以溶解大氣中的二氧化碳，防止其積聚在大氣中。另一個重要的未知因素是當時地球的磁場狀態。如果磁場沒有靠近地球的軸線，那麼一些冰川沉積物可能沒那麼靠近赤道。這些質疑導致之後提出了「泥球地球」理論來替代，即當時至少保有季節性的開放水域。

濃縮想法
整個地球都凍結了嗎？

35 深度時間

如果地球科學中有一個所有人都必須遵從的想法，那就是深度時間的概念。沒有這個觀念，堅石不能移，山脈不能隆起，滴水不能穿石，生命也不能透過逐漸變異進化。然而，對於習於以小時，天和年計算的人們來說，深度時間是最難理解的想法之一。

對時間的感知

我們透過直接經驗，建立了對地球物理尺度的認知。可以長途跋涉，欣賞壯闊的視野，或透過客機飛行間看著地面，或研究從太空拍攝的行星照片，從而根據觀察結果來了解星球的物理尺寸。但時間是不同的。我們所做的大部份事情，都會分解成只持續數秒的行動。我們的生活受到小時和天的制約，並以年爲單位慶祝紀念日之類的活動，但我們只能記住童年時期的一點點經歷，而更早之前的紀錄，只有從家人那邊聽來或看來的一些二手資訊。在此基礎上要想像地球的時間維度，以深度概念來類比，就好像要從一張紙的厚度，去試圖理解地球的深度一樣困難。

代代相傳

以世代概念解說比較容易理解。如果我們定一代爲 25 年，那麼五代前的曾曾曾祖父母將生活在 19 世紀維多利亞女王的時代。回溯 17 代將會回到西班牙無敵艦隊時期，40 代就將回到 1066 年，諾曼征服英格蘭的時代。

時間線　將地質時間濃縮為 24 小時制的一天

0:00	02:00	06:00	10:00	20:30
吸積塵埃和岩石形成地球	重轟炸期。最古老的岩石	最初生命的化石證據	大氣中首次出現自由氧氣	可能發生雪球地球

大約要往前推 180 代，才能回到巨石陣建造的時間，但在地球歷史上，這幾乎是才剛發生的事。而四千代以前，我們的祖先正在遷出非洲，但如果使用另一種類比，將地球 45 億年的生命表示爲 24 小時制的一天，那麼人類遷移不過是兩秒鐘之前發生的事！

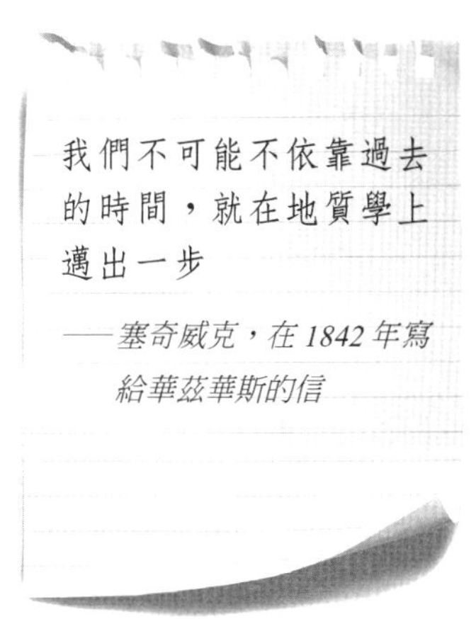

眞理破曉

因此，地質學先驅們遲遲沒有認識到時間的眞實深度，或許並不奇怪。他們可能也被自己或神學家的信仰所阻礙：地球是在六天內創造出來的，人類則在第六天被創造。

到了 18 世紀，歐洲已少有因爲宗教異端而被處火刑的紀錄；理智的時代正在露出曙光。哲學家和科學家們開始公開猜測眞正的時間深度，並觀察各種作用過程的發生速度。法國的梅萊特（Benoît de Maillet）觀察到高海拔的貝殼化石。他估計法國港口淤塞的速度（他假設是由於海平面下降所造成的），並估計每年約 0.75 毫米，這代表在最高山區的化石，年齡必須達到 24 億年。

1821 年，巴克蘭（William Buckland）在約克郡的一個山洞裡發現了數百塊骨頭，來自鬣狗和牠們的獵物，甚至有大象和犀牛。他的結論是，即使是聖經的洪水也不太可能從非洲沖來這麼多的骨頭，而且必須比亞當和諾亞之間的聖經所描述的十代還要多的時間來累積這些骨頭。因此，聖經對洪水的描述不能以地質學證實。

深度時間之父

在 1788 年，赫頓發表著名的*地球理論*，他確立漸進的原則——即

21:00	22:00	23:38	23:58:40	23:59:58
寒武紀海洋生物大爆發	動物上陸	恐龍滅絕	第一個直立行走的人種	現代人類遷出非洲

地球冷卻的時間

在達爾文提出演化論的一百年前，布豐伯爵猜測，動物隨著時間的推移而改變外形。他意識到這個過程需要相當長的時間，因此還設計了計算鐵球從白熾冷卻室溫時間的實驗。根據地球的大小，他認爲地球應該是 74832 歲。克耳文勳爵在 19 世紀後期也採用這個想法，並使用了更精確的熔融岩漿冷卻速率估算。他推測地球年齡在 2 千萬到 4 億年之間，雖然他在 1897 年將其修改爲不超過 4 千萬年，但當時不知道放射性衰變也會產生熱量。

地球上所有地質的過去，都可以在現今觀察到的運作機制下完成（參見第 24、第 25 章）。這需要花費大量時間，並且不會受到神學家的歡迎，但讓科學家們思考著深度時間該是什麼樣子。

1841 年，蘇格蘭地質學家，赫頓的支持者萊爾，訪問了尼加拉瓜瀑布。在那裡，瀑布的邊緣遠遠地位於一個長峽谷中。萊爾找到了一位老人，他聲稱自己能記住 40 年前，瀑布位置比現在近 45 公尺。在此基礎上（並允許誇大其詞），萊爾估計這個 11 公里的峽谷已經被水雕刻了超過 35,000 年。今天我們知道，這時間在地質學上並不長，但這幫助思想家超越了聖經的時間尺度，也幫助達爾文得到了他的演化論所需的漫長時間。

達爾文對時間的需求

達爾文在撰寫演化論時最煩惱的問題之一是時間尺度，他認爲隨機演化和天擇需要大量時間。他觀察肯特郡的威爾德的地質，並得出了自己對地質時間長度的估計。顯然，時間需要夠長，才能使白堊完全覆蓋住巨大的岩石圓頂。今日，白堊仍留在北部和南部的丘陵地帶，其間有較老的岩石。他根據厚度的猜測和相當隨機的侵蝕率估算，得出結論，這個過程必須花費 3 億年。但後來他發現到這估計法只比盲目亂猜要好一點，因此他在再版時刪去了這個數字。

四維透視

現今，我們從放射性元素定年技術（見第 4 章）了解，地球的年齡是 45.6 億年，而宇宙是這個年齡的三倍老。雖然我們仍然很難理解那麼長的時間，但我們至少能理解一系列的地質過程。地函對流，大陸漂移，山地隆起和侵蝕，都以大約每年幾公分的速度發展。在人類時間尺度上，這似乎是微不足道的。但是在深度時間尺度下，地函像大熱鍋中的糖漿一樣流淌，大陸在地表上跳華爾茲，山脈像沉睡的龍的胸膛一樣上升和下降。植物和動物重複著出現、進化並逐漸滅絕的故事。

濃縮想法
時過境遷

36 地層學

沉積岩呈層狀，似乎是不言而喻的，這些岩層必須以地質時間的長度，一層一層的連續鋪設而成。第一群意識到這一點的人們，將地質學轉變為精確的科學，並發展了改變世界的地質地圖。

年輕的丹麥科學家斯蒂諾，將興趣轉向地質學時，在梅迪奇家族（Medici Family）的支持下，從哥本哈根搬到佛羅倫薩學習。他在托斯卡尼（Tuscan）山區發現了化石，並意識到這些化石記錄了過去的生命。但它們是如何進入堅固的岩層？斯蒂諾觀察到，沉積岩是成層狀分布，並依此正確地推斷出，為了將化石包含其中，這些沉積岩必須在水面下依次鋪設。

斯蒂諾 NICOLAS STENO，1638-86

斯蒂諾出生於哥本哈根。在 21 歲時，他決定：盡信書不如無書，他選擇相信自己的觀察，這是一個劃時代的科學原則。起初他研究解剖學，但當 1666 年，他得到一個巨鯊的頭骨並進行研究時，他發現巨鯊的牙齒幾乎與他在岩石中發現的化石相同。因此他總結，化石是前世生物的遺骸。在推測化石如何進入堅固的岩石時，他發展了地層學原理。他出生於路德教會，但從不接受教義，後來發現天主教更符合他的觀察就改變了信仰，並最終成為一位主教。

時間線　各地質年代開始的時間

5.42	4.88	4.44	4.16	3.60	3.00	2.54	2.00	1.45 億年
寒武紀	奧陶紀	志留紀	泥盆紀	石炭紀	二疊紀	三疊紀	侏羅紀	白堊紀

基本原則

斯蒂諾在 1669 年繼續發表了四個基本原則。疊覆律（principle of superposition）指出，岩石是按層次順序形成的，底部的岩石最古老。原初水平律（principle of original horizontality）表明最初的沉積與水平面平行。側向連續律（principle of lateral continuity）表明，沉積岩層是往各方向延續的，除非被地形擋住了。橫切不連續律（principle of crosscutting discontinuity）指出，切斷岩層的任何現象，都必須比岩層更年輕才行。

照著順序來

雖然斯蒂諾的理論在各方面都不夠準確，但他的四個原則是地層學很好的基礎。沉積岩確實形成層狀，且頂部最年輕，儘管它們常常被折疊得太多，以至於序列偶爾會逆轉。除了一些例外（例如交錯層理），岩層最初是水平的，儘管沒有哪個岩層分布全球，但是若在兩個不同的位置，找到相同的岩層序列，就可以表明它們是同時代的產物。

> 化石是自然學家的珍稀古錢：它們是地球的古物；並且非常清楚地顯示這些水生生物怎麼逐漸規則的形成，及其多樣性。
>
> ——*史密斯，化石的地層系統，1817 年*

薩默塞特運河

這些原則進一步發展並付諸實用。一個多世紀後的 1790 年代，當史密斯在調查薩默塞特運河的可能路線。他需要預測在挖掘運河時會遇到什麼樣的岩層，以及是否能將水流保持在運河中。他很快就發現，同一序列的岩層總是以相同的順序出現。此外，他認識到每層都有特有的化石，有助於在其他地方識別出這個岩層。他被稱爲「地質學的」史密斯。

如果今天你在世界各處看看，你很快就會發現現在的沉積物跟沉積岩並不完全相同。河床可能含有礫石，附近的鹽灘則同時堆積泥巴，而遮蔽海域正在沉積石灰岩。史密斯發現這一點，但同時也發現，類似的化石只會分布在狹窄的序列中，並能表明這些不同的沉積岩是同一年代的。

史密斯 WILLIAM SMITH，1769-1839

作爲牛津郡鐵匠的兒子，而不像當時許多白領科學家，史密斯沒有私人資助，因此必須爲薩默塞特的地主及煤炭運河公司工作。這使他每天都進入田野，並記錄岩層和其中的化石。他很快發現，岩層和化石都以規則的順序出現，無論在哪裡，這些岩石都會重複出現。1799 年，他製作了巴斯地區的地質地圖，並在被解僱後，繼續製作其著名的英格蘭，威爾士和部分蘇格蘭的地質地圖。他本想以銷售地圖的複製本爲生，但因被抄襲而失敗，被迫破產並作爲債務人被監禁。直到晚年，他對地質學的貢獻才得到了認可：他在 1831 年被地質學會授與第一枚沃拉斯頓獎章。

第一張地質地圖

史密斯也注意到，他正在研究的地層正在向東微微傾斜。如果斯蒂諾的原初水平律是正確的話，則地層必然是被隨後的地面運動所傾斜。據了解，在從西向東穿越英格蘭時，岩層逐漸變得年輕，幫助史密斯繪製了著名的地質圖，他手工著色以顯示地質層的每個主要區域。

爲岩層命名

許多主要岩層都有名字。有些採用採集場地的名稱，其他名字由地質學家提供，描述或反映了發現岩層的地區。嘗試將大致層序組合在一起，是一種自然的進展，並形成了該地質時期的命名。始作俑者是德國人維納，他創造了「水成論」一詞（見 25 章）。雖然他以爲花崗岩也是在水下沉積而成（現在被證明是錯誤的），但大部分沉積岩的確由此形成。他將它們分爲原始統、過渡統，第二統及第三統。地質年代表的第三紀 *（Tertiary period）乃沿用這個分類。

* 譯註：目前已將第三紀分類為古近紀和新近紀，第三紀名稱已不再正式使用。

其他時期的名稱反映了它們首次被識別的世界各地。寒武紀（Cambrian），奧陶紀（Ordovician）和志留紀（Silurian）以威爾斯部落的名字命名。泥盆紀（Devonian）岩石在英格蘭西南部的德文郡發現。侏羅紀（Jurassic）岩石在阿爾卑斯山以北的侏羅山脈被發現。白堊紀來自拉丁語的粉筆。

地層學的偉大先驅之一是默奇森（Roderick Impey Murchison）。除了在英格蘭南部，阿爾卑斯山和蘇格蘭的調查以外，他的主要貢獻還在於建立志留紀。他強烈反對權威，這使他與英國地質調查局創始者德拉貝切（Henry De La Beche）產生了重大分歧。德拉貝切發現，化石通常與石炭紀煤系相關，而那些煤通常出現在當時認爲是志留紀的岩石中，因此他試圖暗示，化石與地層沒有關連性。默奇森證明這些化石是位於石炭紀的底部，與志留紀之間應該有一個被侵蝕的地層，在其他地區，如英格蘭西南部，以紅色砂岩沉積物呈現。因此他接著建立了泥盆紀，以填補這段地質空白時期。

爲岩層定年

1977 年，國際地層學委員會成立，旨在精確確定各時期之間的分歧，並給出絕對日期。霍姆斯在 20 世紀初進行了艱辛的放射性定年作業（見第 4 章）已經證明非常準確，並且從當時至今，僅略作改進。

濃縮想法
時間堆砌的地層

37 生命起源

生命似乎是一種魔幻的，神奇的玩意兒。人們毫無疑問認為生命必須是神聖的創造。生命的起源仍然是科學的重大未知之一。但古老的痕跡和現代實驗開始關注生命的秘密。

生命是什麼？

「簡單」不是一個適用於最原始生命的形容詞，即使是最原始的細菌也是一樣。今天，所有現存的生命形態，都具有非常微妙的複雜性，很難想像生命是隨機偶然產生的。那麼，生命是什麼？

生命的核心似乎是複製或再生產的能力，爲此需要可複製的東西，像是一些遺傳密碼，或一組定義有機體性質的指令。在已知地球上的所有生命中，遺傳密碼由 DNA 的雙螺旋，或在少數情形下，由 RNA 的單螺旋攜帶。接著需要一種機制來複製它：在 DNA 的情況下，這是一個複雜的蛋白質，酶和細胞結構系統。而且，如果生命透過隨機變化進行演化，那複製機制應該不是很完美，引入了突變的可能性。爲了發揮這些功能，生物體需要從環境中提取能量——可能是化學能或太陽能。並且，爲了包容所有這些複雜性，它們需要某種膜或細胞壁。

堆砌生命的積木

1953 年，米勒採用了達爾文「生命起源自一鍋熱湯」的想法，進行了有名的實驗，顯示有多少生命的化學分子可以透過對基本氣體的放電來製造。但也許製作成分不是問題。碳質球粒隕石在地球歷史早期更頻繁地下降，其中含有必需的氨基酸和鹼。構成生命的基質可能已經夠

時間線

西元前 5 世紀
安納薩哥拉提出胚種論

19 世紀初
大多數人仍然相信生命是自發產生

1861 年
巴斯德（Louis Pesteur）以無菌瓶實驗證明生命不是自發產生的

1920 年代
俄羅斯的奧帕林和英國霍爾丹推論出第一個生命起源的生物化學模型

豐富了，但僅從基質的存在驟然跳到生命發生，就如同在廢鐵場的隨機爆炸中產生一台能開的汽車一樣不可思議。

天然腳架

在細胞結構完成工作之前，是什麼將所有化學物質聚在一起的？一個潛在的候選人是黏土礦物。它們可以形成薄片，並且在相鄰的片材中再現晶格中的偶然缺陷。另一種可能性是黃鐵礦（pyrites），或稱愚人金，在沒有大氣的情況下普遍存在。

米勒 STANLEY MILLER，1930–2007

米勒在尤里（Harold Urey）處執行他最有名的實驗時，正在芝加哥大學攻讀博士學位。他拿了一個含有少量水的燒瓶，裡面氣體模擬了早期地球的大氣層，並在幾天的時間裡，持續以放電火花模擬大氣中的閃電。之後分析燒瓶底部積聚的深棕色液體，顯示裡面含有胺基酸和其他生命的化學分子。現在我們知道，米勒的大氣成分其實是錯的：當時大氣中主要是二氧化碳和氮氣，而不是他所使用的氫氣，甲烷和氨的混合物。但他的確證明，製造複雜的有機化學分子，其實相對簡單。

第一個生命應該是以 RNA 爲基礎的。與其更穩定的雙鏈表親 DNA 一樣，RNA 可攜帶遺傳密碼。而更重要的是，它同時還可以作爲一種酶，甚至催化自身的複製。

躲起來

在地球早期，這個「溫暖的小池」可能不是那麼安全。一些人認爲，來自太空的隕石、小行星，和強烈輻射的不斷轟炸，會使地球表面不適宜發展生命，因此，或許生命始於海底的火山口，甚至是地底下的熱液系統。

1953	1986	1992	1996	2011
米勒在實驗室中創造了生命的化學分子	哈佛大學吉爾伯特發明「RNA世界」一詞	肖普夫發表了來自澳洲的 35 億年前的微小化石	麥肯宣布在火星隕石中發現微小化石	布雷澤在 34 億年前的岩石中發現以硫進行催化作用的細菌化石

胚種論

地球上生命的起源，一直圍繞著謎團。許多人認爲，生命是由太空播種的，並且可能在整個宇宙中廣泛傳播。被稱爲胚種論（panspermia）的想法最早是由前五世紀的希臘哲學家安納薩哥拉（Anaxagoras）提到的。這想法在十九世紀由包括克耳文在內的幾位科學家復興，並在二十世紀被天文學家霍伊爾所支持，他同時認爲彗尾塵埃可能是造成流行病的原因。有爭議的證據包含火星隕石中的微小化石；在太陽系早期，火星可能更適合生命生存。但也有人認爲胚種論只不過延宕了一個更需考證的事實：生命的發生仍然需要在一個溫暖的小池內進行。

人們常說，第一個生命發生所需的所有條件都已經存在，可能始終都存在。但是，如果（噢，多麼大的如果）可以設想在一個溫暖的小池塘，有各種氨和磷鹽、光、熱、電等必需品。蛋白質分子在其中以化學變化形成，並準備進行更複雜的變化。今天，這些分子會馬上被吃掉或被吸收，但在沒有生命的世界裡，它們的可能性就大的多了。

——達爾文在 1871 年寫給胡克的信

影子生物圈

正如達爾文所說，生命一旦啟動，就會消耗掉所有可用的有機成分。但是自然過程通常不是獨一無二的，所以生命在地球上可能啟動過很多次，也許是跟已知生命完全不同的形式。例如，複雜分子通常有鏡像——左旋與右旋形式，同時存在於自然界，而我們所知的生命只使用左旋分子。如果同時期有一群使用右旋分子的生命存在——證明生命有另一個起源，那它們是否仍然存在於地表，或地球內的隔離環境中？一個地方可能是那些太熱而無法支撐一般生命的熱液系統中。

最初的化石

古生物學家在試圖找到最早的生命的化石證據時，都面臨著兩個困難。在地質記錄中，越早期的岩層，越會被折疊、破碎、加熱，或以其他方式變質，而他們要尋找的生命更小且更脆弱，不太可能留下化石痕跡。

在格陵蘭島最古老的，38 億年前的岩石中，有些含有微觀的碳斑，這些碳斑似乎比無機碳中含有的碳 -13 略少。今天，這被視爲生命存在的指標，也許那些斑點就是地球上最初生命的證據。來自西澳洲 35 億年變質岩中的微小結構，可能是藍藻的殘骸；較大的層狀結構，類似於沉積岩中的疊層石，則已知由藍藻菌落構成。最可能的微小化石來自 34 億年前的澳洲岩層，來自當時的淺海溫暖的海洋，這些生命似乎從黃鐵礦砂中的硫中獲得了化學能。

濃縮想法
從化學物質轉變到生命

38 演化

一旦建立了按時間順序排列的地層，從不同層次的化石中可以清楚地看到生命隨著時間改變。有一個想法可以解釋地球上所有植物和動物的豐富多樣性：演化。達爾文以透過天擇的物種起源論，徹底改變了生物學和古生物學。

中世紀的歐洲繼承了亞里斯多德（Aristotle）的幾個錯誤想法，比如太陽圍繞地球運行，及生物的型態是亙久不變的，以反映神聖的宇宙秩序。他的天文學理論很早就被推翻了，但直到 18 世紀，地質調查才揭露了大量曾眞實存在過的多樣生命形式及物種。化石收藏家爲生物的多樣性增加了時間的維度，顯示其中有更多現已滅絕的物種。自然科學家不禁注意到一些物種之間的相似之處，並推測其中可能有親緣關係。

遺傳

在那個時代，還沒有人知道基因或 DNA，因此遺傳的機制和演化多樣性的手段一直是一個謎。最早提出演化理論的人之一是法國博物學家拉馬克（Jean-Baptiste Lamarck）。在 1800 年的一次演講中，他提出了生物演化的兩個原則：增加複雜性，與適應環境。他推測，在動物一生中獲得的特徵，可能會傳遞給他們的後代。透過這種方式，肌肉發達的鐵匠更有可能擁有一個強壯的兒子。同樣，未使用的特徵會消失，使生活在地下的鼴鼠目盲，而使鳥類無牙齒。

適者生存

1798 年，一本名爲《人口論》的小冊子被匿名出版，原作是牧師

時間表

西元前 340	1686	1735	1751
亞里士多德認為生物有固定型態，以反映神聖宇宙秩序	雷伊（John Ray）由可觀察的特徵定義「物種」概念	林奈（Carolus Linnaeus）引入了二名法，現今仍然用於屬名和物種名	莫佩爾蒂（Pierre Maupertius）認為，自然修正不斷累積，最後形成新物種

達爾文 CHARLES DARWIN，1809-82

達爾文生在繁榮的什羅普郡，是一位醫生的兒子。他放棄了在愛丁堡的醫學學業，也發現他修的地質學講座很無聊，但他對自然歷史產生了興趣，並繼續在劍橋學習。他的妻子艾瑪來自富裕的韋奇伍德家族，這意味著達爾文從來不需要討生活，並且能夠投身於自然歷史。他有能力支付他在小獵犬號上的通行費，並讓他在南美洲沿岸進行了爲期五年的旅行，研究野生動物並收集標本。這次旅行或許爲天擇及演化論提供了靈感，但直到 23 年後，他才出版了他的鉅作《物種起源》——也許是因爲害怕引起宗教界的反彈。

馬爾薩斯（Thomas Malthus），他認爲人口增長將導致生存的鬥爭，其中最適應環境的人將生存，不適者將會被淘汰。這篇文章影響了兩位演化論關鍵人物在演化論中的思考：華萊士和達爾文。

這兩個人來自不同的背景，並以不同的方式旅行。達爾文在小獵犬號上進行了五年的世界巡航，而華萊士努力透過出售在東南亞瘧疾肆虐的沼澤中所收集的標本來支付他的費用。但兩者都受到同樣的啟發：適應良好的植物和動物是如何適應特定的環境的。兩人都意識到，只有最

華萊士 ALFRED RUSSEL WALLACE，1823-1913

華萊士的家庭背景與達爾文截然不同。他的父親爲省錢而不得不離開倫敦，而他成爲威爾斯中部的土地測量員。他是一位熱心的社會主義者，一直關注窮人的困境。他不得不透過收集標本出售給博物館，來資助他的研究之旅；在一次遠征中，他的船起火並失去了一切。但是他堅持下去，並且在收集馬來群島的蝴蝶時，建構了一個與達爾文非常相似的理論。他尊重達爾文並寫了一封信闡述其理論，並尋求達爾文的回饋。這封信促使達爾文在 1859 年出版《物種起源》一書。

1798	1800	1858	1859	1889	1953
馬爾薩斯出版《人口論》	拉馬克提出了他的演化理論，生物能繼承已有的特徵	華萊士和達爾文的理論被提交給林奈學會	達爾文出版《物種起源》	德弗里斯（Hugo De Vries）提出了基因概念	克立克（Francis Crick）和華生（James Watson）發現攜帶遺傳密碼的 DNA 結構

適應環境的物種才能生存下去。天擇的概念於焉誕生。

先例

1858年7月1日，兩人的論文都在倫敦的林奈學會（Linnean Society）上被審視。此時華萊士還在馬來群島，而達爾文的小兒子剛得了猩紅熱，所以都沒有親自出席；他們的論文由秘書閱讀。一年之後，達爾文出版了他著名的《物種起源》一書，結果因爲演化論而得到了名譽，以及宗教對手的抨擊。

事實證明，演化比達爾文預期的更具爭議性。1860年，代表達爾文的赫胥黎（Thomas Huxley）以及代表反對演化論的教會勢力，威爾伯福斯（Samuel Wilberforce）主教之間，進行激烈的辯論。達爾文的堂兄高爾頓（Francis Golton）提出的，關於遺傳性疾病或精神障礙患者的適應性的問題，最終導致了優生學和強制絕育。即使在今天，甚至在相對受過良好教育的美國，許多宗教原教旨主義者仍然認爲，主要的動物原型──特別是人類，是完全由上帝創造的。

現今的演化論

演化的概念仍然存在著誤解。一種普遍的謬論是：人類是黑猩猩或大猩猩的後代。實情並非如此，但或許在600至800萬年前，曾擁有共同的祖先。化石紀錄非常不完整，雖然很容易發現現有動物與其滅絕的化石親屬之間的相似性，但貿然公布直系譜線是一個很大的錯誤。「缺失的環節」一詞在大衆媒體中被廣泛濫用。隨著越來越多的遠親及人類的化石被發現，我們更確定人類的演化樹，更像是一叢有許多分支的灌木。大多數分支最後滅絕了，幾乎不可能分辨出哪些化石是我們的直系祖先。

我們觀察到的宇宙恰好符合這樣的特性：萬物皆以其為基底，沒有設計圖，沒有目的，亦無善惡，只有隨機以及不帶感情的無差別選擇。

──達爾文

很清楚的，不論是看人類或其他物種的演化，大自然都是難以捉摸的，難以辨別出物種成功與滅絕的理由。

趨同

批評演化論者將矛頭指向複雜的生物結構，如人的眼睛，並問：這麼精巧的器官怎麼可能偶然產生？這是對演化論的挑戰，但不是對演化本身的挑戰。最明顯的證據就是，從魷魚、扇貝、蝦到人類，在演化過程中各自發展出不同種類的眼睛，多達五六次。但這也是一個警告，並不能完全假設類似結構間的演化關係。有許多趨同演化的例子，其中環境壓力導致了不同物種都採用類似的解決方案——例如鯊魚和海豚的流線型身體。

通常，生存的關鍵在於改變和適應。但情況並非總是如此。有些設計只是透過尋找自己的生態位並且盡量低調的活著。一個典型的例子是叫做舌形貝（Lingula）的小型腕足貝類，今天，它們在太平洋的部分地區生活得非常成功，而我們在五億年前寒武紀的岩石中發現了幾乎沒有改變的舌形貝化石。

濃縮想法
適者生存

39 埃迪卡拉花園

在達爾文時代，沒有人相信有比寒武紀更古老的化石，但現在有不同的想法了。在南澳的埃迪卡拉山上，有大量的化石可以追溯到約六億年前。這些化石顯示了與今天所熟悉的任何時代都截然不同的生物。

現在所知最清晰的化石遺骸可以追溯到大約 25 億年前，但它們只是絲狀藻類和藍藻，今天稱之為池塘浮渣的生物。除了在印度發現的一個有爭議的一個蠕蟲洞穴，可能追溯到 11 億年前，在成冰紀之前幾乎沒有任何生物。

……如果我的理論是正確的，那麼無可爭議的是，在最底層的寒武紀地層沉積之前，應該已經過了很長一段時間……在這個恆久的時期，世界上應當充滿了生物才是。

——*達爾文，物種起源，1859 年*

不可能這麼老？

達爾文和他的同時代的科學家，都認為沒有比寒武紀時期更早的化石——約在 5.42 億年前。直到 1957 年，萊斯特郡的一個男孩梅森，在查恩伍德森林裡攀岩時，發現了一些東西，推翻了這個認知。他所看到的神祕痕跡，看起來就像是岩石上的蕨葉，但這是在前寒武紀的岩層中，沒有人預料到這裡會發現化石。但他向萊斯特大學的地質學家展示了這個標本，並確認這是一種化石，後來被命名為加尼亞蟲（Charnia masoni）。

事實上，地質測量師穆瑞（Alexander Murray）於 1868 年，在紐芬蘭的前寒武紀岩石中，就發現了圓盤狀

時間軸　前寒武紀

35 億年	25 億年	11 億年	10 億年	6.35 億年	6.30 億年
澳洲西部發現第一個可能的藻類細菌化石	最早絲狀藻類的明確證據	印度發現可能的蠕蟲洞穴	在蘇格蘭西北的托里東發現生存於淡水的細菌微化石	成冰紀的結束	最早的埃迪卡紀化石胚胎

疊層石

最古老的大型化石結構是一種高達一公尺的層狀圓頂結構，被稱為疊層石（stromatolites），是藍藻（藍綠藻）的菌落。最古老的是在西澳發現的，約有 27 億年。成千上萬的精細分層，或許代表每日的生長周期。這些疊層石在埃迪卡拉紀的盡頭消失，可能是因為有太多的新生物以他們為食。今天仍然有活著的疊層石，特別是在西澳海岸的鯊魚灣（shark bay）附近，鹹而溫暖的淺水區，跟他們 27 億年前的祖先相似。

痕跡。他用這些痕跡作為特定岩層的特殊標記，但由於它們位於寒武紀岩層之下，因此他從未暗示這些痕跡是化石。

埃迪卡拉紀

1946 年，南澳政府派遣了年輕地質學家斯普瑞格（Reg Sprigg），看看弗林德斯山脈的埃迪卡拉山區（Edicara hills）的廢棄礦井是否可以重新啟用。在吃午飯的時候，他注意到岩層中有類似水母的化石，他認為這種化石是早期的寒武紀，甚至是前寒武紀的，但他的發現並未引起人們的興趣：他撰寫的論文被《*自然*》期刊拒絕了。後來發現了前寒武紀化石的直接證據，才肯定了他的發現，並且創建了 100 多年來的第一個新的地質時期，被命名為埃迪卡拉紀（the Edicarian），相當於文德紀（the Vendian，以俄羅斯北部的前寒武紀化石遺址命名）*。其他埃迪卡拉紀化石，現已在納米比亞，紐芬蘭和其他地方被發現。

破曉時分的奇妙生物

在埃迪卡拉的綿羊牧場上可以看到一些最有趣的生物。這些生物在黎明後，當低角度的陽光從它們溫和的伸展下產生陰影時，呈現最

* 譯註：在中國，亦有許多學者稱之為震旦紀。

6.10 億年	5.90-5.65 億年	約 5.60 億年	約 5.60 億年
第一個大型埃迪卡拉化石	在中國陡山沱組，有保存完好的化石胚胎	加尼亞蟲時期，在萊斯特和埃迪卡拉發現化石	埃迪卡拉紀及生物群的結束。寒武紀的開始

埃迪卡拉紀的海底世界想像圖，斯普瑞格蟲、三星盤蟲、加尼亞蟲及狄更遜水母。

佳狀態。有些生物長達 30 公分，具有類似蕨類植物的葉子，類似於加尼亞蟲，其他的大多是圓盤狀，大約 5 公分。還有一些是橢圓形的，並且覆蓋著平行的波紋狀線條。這些可能是一個寬闊、扁平的蠕蟲狀生物的一部分嗎？其中一些長達 1 公尺！另一種叫做斯普瑞格蟲（Spriggina），就像是在隨後寒武紀出現的三葉蟲的細長版本。

這些奇怪的化石是什麼？圓盤可能是將葉狀的加尼亞蟲錨定在海底的固定擋板。而有波浪線的橢圓形生物，名爲狄更遜水母（Dickinsonia），看起來好像有腹背兩面，可能可以緩慢爬行，以海床上的藍藻爲食，並留下黏液痕跡。但我們也不能太輕易的依照現代生物的樣子，而認爲這些化石有點像水母，軟珊瑚或有節的蠕蟲；外型相似並不意味著任何親緣關係。

一個新的界？

事實上，德國古生物學家塞拉赫（Dolf Seilacher）建議，將埃迪卡拉生物群分成一個全新的生物界，與植物界，動物界和眞菌界並列。他稱此爲文德界（vendobionts），並暗示它們是巨大的單細胞生物，在其細胞質內形成了分區，有點像床墊上的絎縫。他不相信它們有消化器官；而是透過外皮吸收營養，或者在其內部有共生的光合細菌。

微生物黏液

這些生物生活的條件也存在爭議。它們存在於堅硬的石英岩板岩之間的薄層淤泥中，以前曾經是沙子。有時在沙子中會出現波紋，反映淺水中的波浪或水流。化石經常在板岩的下方留下印記，這些板岩具有象皮狀紋理。這被認爲是由微生物形成的毯所留下的，是一種具黏性的藻類層，生物可能在這些藻類上取食，藻類在其身體上形成，並有助於保存成化石。如果它們是光合藻類，那也表明了這些生物位於淺水環境。

化石胚胎

埃迪卡拉紀和寒武紀的各種生物群的快速爆發，必須從某種機制觸動。古生物學家現在轉從微化石尋求答案。許多前寒武紀岩石顯示化石化的原始胚胎，其中一些甚至沒有比這本書上的句號更大。一些保存最完好的化石來自中國的陡山沱組（Doushantuo formation），這些化石大約在 5.7 億年前，比大多數大型埃迪卡拉化石都還要早。先進的 X 射線技術顯示出胚胎內的個體細胞。許多可能是海綿或珊瑚的胚胎，但有些似乎表現出兩側對稱性，或許就是寒武紀節肢動物，蠕蟲和人類的祖先。

晚餐時間

目前確定的是，所有埃迪卡拉生物群都沒有硬組織。沒有殼，沒有保護性的角質層，最重要的是沒有下顎。像狄更遜水母這樣的生物非常脆弱：幾十公分寬的身體裡充滿液體，但外皮可能還不到一公分厚（從一些水母在化石化之前折疊的方式來看，似乎很明顯）。顯然，它們周圍沒有掠食者，不然就是它們並沒有生存很久。因此，這個時代稱爲埃迪卡拉花園，與伊甸園相對比。正如一位古生物學家所說：狄更遜水母最擔心的，就是一旦哪一天進化出了一個有嘴巴的傢伙，那牠們就會像披薩一樣被吃得一乾二淨了！

濃縮想法
演化的早期實驗

40 多樣化

如果有一個詞最能形容過去 5.4 億年中生命體的擴展，那就是多樣化，始於寒武紀大海中奇妙生命的爆發，並繼續隨著植物和動物遷移到陸地上，最後居住於地球上每個可能的生態位。

在地底的生命

從一開始，寒武紀時期就與埃迪卡拉紀寧靜的軟體生物花園非常不同。所有海底的遺骸都曾被挖出。曾經，寬大、柔軟又脆弱的狄更遜水母在微生物毯上悠然覓食，而寒武紀蠕蟲們卻都藏在地底。原因可以從一些特別的足跡化石中看出——足跡化石記錄了發生過的事情，而不僅僅是記錄生物體。有一組明顯的足跡，大約一公分寬，一個有許多小腳的生物穿過海床，通向蠕蟲的洞穴。有跡象表明，這生物會挖掘地面，蠕蟲不在家了，牠成了別人的晚餐。

進化的軍備競賽

這是被稱爲三葉蟲（trilobite）的生物：一種看起來有點像大型木蝨的節肢動物，其最接近的現今親戚是鱟。它已經進化出一種堅硬的蛋白質甲殼，其腿和口器被包覆在堅韌的外骨骼中，也充當下顎使用。但牠們並非唯一的獵人。有一個三葉蟲化石缺少了末節，再仔細觀察，會發現那不是新傷痕，因傷口已經開始癒合。傷口形狀與一種更大型節肢動物上的堅硬口器的形狀完全相同，這生物名爲異蝦

時間線　古生代亮點

5.42 億年	5.25 億年	5.1 億年	5.05 億年	4.4 億年
寒武紀開始，海洋生命的快速多樣化	中國西南部澄江化石動物群	加拿大的伯吉斯頁岩化石群	奧陶紀開始。魚類出現；陸地上的第一個節肢動物	奧陶紀結束，隨之而來的冰河時期

（Anomalocaris）。

這是一個動物吃動物的世界——一場進化的軍備競賽，從此時開始延伸至恐龍時代，乃至現今。節肢動物發展出甲殼，而軟體動物和腕足動物接著發展出貝殼，來保護自己免受飢餓的掠食者的傷害。但軍備競賽仍在繼續。我們發現一些寒武紀的貝殼化石上有一些小圓孔，它們被某種掠食者鑽洞，但我們不知道兇手是什麼。

伯吉斯頁岩（Burgess Shale）

1909 年，古生物學家沃爾科特（Charles Walcott）與他的家人一起在不列顛哥倫比亞省旅行，尋找加拿大洛磯山脈的化石。據說，他妻子的馬滑了一跤，並露出了一塊滿布奇怪化石的板狀岩石。沃爾科特隨後在附近山坡上追溯了其來源，並在未來 15 年間多次回到這裡，挖掘出一個小型化石場，並收集了超過 65,000 個保存完好的標本。後來，他的餘生都在比對這些標本與現今甲殼類動物的關係中渡過。1966 年，劍橋古生物學家惠廷頓（Harry Whittington）開始研究這些化石，並發現了牠們驚人的多樣性。之後他便將此時期稱爲「寒武紀大爆發」。

百花爭艷的生命

在加拿大伯吉斯頁岩中保存的是異蝦及其他節肢動物的壓扁遺骸，而在中國西南部的澄江組中，化石保存的較爲完好。這些化石記錄了海洋生物的突發和驚人的多樣化，各種奇妙的生物乍看之下，有那麼點像是現今的動物。歐巴濱海蠍（Opabina）有五隻眼睛，前面生了一個長嘴，可能用以取食。名字很特別的怪誕蟲（Hallucigenia）在身體一側有一排雙刺，而另一側有腳，更奇怪的是沒有人確定牠是用哪一側行走（事實上，牠很可能是用雙刺那一側行走）。馬爾拉蟲（Marrella）擁

4.4-4.1 億年
志留紀開始，海裡出現珊瑚礁和有下顎的魚。植物上陸，蜘蛛和蜈蚣同時上陸

4.1-3.6 億年
泥盆紀，魚類稱霸海洋，陸地上形成廣大植被的森林

3.6 億年
滅絕事件發生後，石炭紀開始

3.35 億年
早期的四足動物出現在愛丁堡附近的黑色潟湖中，可能已有產卵的爬行動物

有相當花俏的腿和附肢；異蝦有多段的側泳鰭，和一個帶有兩個尖銳附肢的球形頭部，用以將食物收集到其圓形口器（原本還將異蝦錯誤的認爲是一種水母）。在早期一切皆有可能的演化中，哪個特徵留存至今，或是由那些生物將這些特徵發揚光大的，相關的爭論仍在繼續。

來自黑色潟湖的生物

3.35億年前，在愛丁堡郊外的東柯克頓附近，有一個熱帶潟湖，周圍是茂密的蕨類森林和石松植被。這裡經常發生火災，可能是由附近的火山活動引發的，且當時的大氣中高濃度的氧氣助長了火災的發生率。逃離火災的陸地生物死在潟湖中並被掩埋。氧氣使蜻蜓，蠍子和其他無脊椎動物長到一公尺長。原始的四足動物——各種各樣的兩棲動物，爬出了潟湖。其中一種被取了可愛的學名，名爲 Eucritter melanolimnetes - 字面意思是來自黑色潟湖的美麗動物。另一個，正式名稱爲西洛仙蜥（Westlothiana），更爲人所知的是麗蜥（Lizzie），似乎是兩棲動物和爬行動物之間的中間物種。

魚背上的肉

在伯吉斯頁岩中，有一種不起眼的生物叫皮卡蟲（Pikaia）。在中國澄江組較古老的岩石中，有一些類似的生物，名爲雲南蟲（Yunnanozoon）。兩者看起來都像是塊會動的魚背肉。它們看起來像鰓縫，或是我們在吃魚時看到的鋸齒狀肌肉塊，有可能是神經纖維，並構成牠背後的脊索。這是脊索動物的標誌性特徵，包括魚、爬行動物，所有脊椎動物的門，以及人類。再回溯寒武紀的多樣性生物群，想像這些魚背肉將來會稱霸地球，眞需要莫大的想像力。

入侵陸地

現在，我們將時間快轉2億年，來到石炭紀早期。在這個時代，魚背肉已演變成硬骨魚，成爲海洋中的頂級掠食者。有些魚有四個肉鰭，或許最初是爲了方便在海底移動。突然間，新的威脅和機遇發生。也許是爲了逃避掠食者，牠們發現可以用自己的鰭將自己拉上泥濘的海岸。

植物在動物之前上岸，它們的大量生長使得大氣中的氧氣濃度遠遠超過了今天。透過牠們的皮膚，也許透過將這些氧氣帶入鰾，使這些上岸的魚可以呼吸。有一段時間，牠們的後代是兩棲的，回到水中繁殖。但最終牠們能在陸地上產卵，並演化爲爬行動物。

> 從地球上的初始生命起，就有如此接近和親密的聯繫，如果能獲得整個演化紀錄，就會建立從最初生物到最高等生命的完美生命鏈。
>
> ——*沃爾科特，1894 年*

當然，這個序列並非一蹴而就。但現在已有明確的中間階段證據。在愛丁堡附近，東柯克頓的一個採石場中，已經發現了一些珍貴的早期兩棲動物化石，甚至還有一種類似蜥蜴的生物，或許是人類演化之路的中間站。

威脅與機遇

顯而易見的是，威脅可以帶來迅速多樣化的機會。寒武紀堅硬外殼的演化導致了捕食和防禦的新策略。奧陶紀的腿部演變和呼吸空氣的能力開闢了陸地上各種各樣的棲息地。如果出現了新的棲息地，而且有新的手段來進駐此地，那麼進化就會突飛猛進。

濃縮想法
突飛猛進的多樣化

41 恐龍

從寒武紀開始的進化軍備競賽，在恐龍時代達到了頂峰。在超過 1.6 億年的時間裡，巨型爬行動物統治著這個星球，並證明了這是一個非常有效的生存方式。今天，牠們在兒童書籍和噩夢中，在壯觀的博物館展覽和大預算電影中出演。但並非所有的恐龍都很大；有些恐龍很親民，甚至十分可愛。

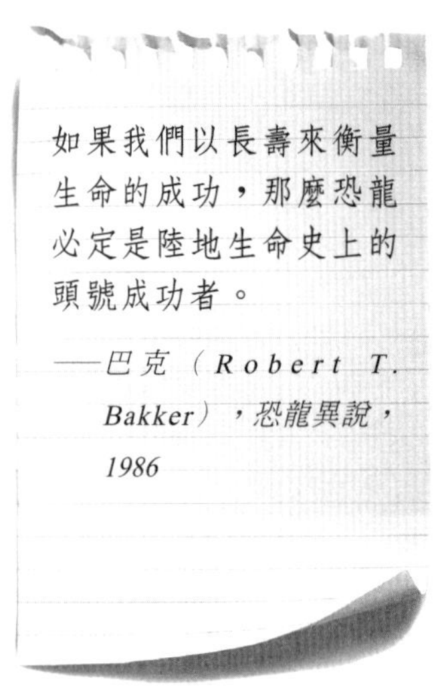

如果我們以長壽來衡量生命的成功，那麼恐龍必定是陸地生命史上的頭號成功者。

——*巴克（Robert T. Bakker），恐龍異說，1986*

恐龍（dinosaur）是中生代的霸主。牠們首次出現在約 2.3 億年前的三疊紀晚期。牠們是各式各樣的爬行動物，有 1000 多種命名物種。技術上來說，恐龍並不包含大型海洋爬行動物和翼龍，但包含一群未滅絕的後代：鳥類。

終極軍備競賽

電視裡恐龍紀錄片中的最新影像，似乎把每個恐龍物種都形容成最大和最兇猛的物種，但其實牠們體型多樣。最大的草食蜥腳類恐龍，其中的紀錄保持者是阿根廷龍，牠長約 40 公尺，重達近 100 噸。而相比之下，最凶猛恐龍的獎項—與著名的獸腳類恐龍，暴龍，同時得獎—是擁有帆狀背脊的棘龍，比暴龍略大，重約 8 噸。

在古今動物大比拚中，恐龍以超長的名字和令人印象深刻的統計數據傲視群雄，但這一切的重要性在於尺寸。你的下顎越強大，步幅越

時間線　中生代亮點

2.5 億年	2.3 億年	2 億年	1.6 億年	1.5 億年
中生代和三疊紀時期的開始，爬行動物快速多樣化	晚三疊紀，首次發現恐龍	滅絕事件。侏羅紀開始	晚侏羅紀，陸地上有梁龍和劍龍，在海中則有蛇頸龍及上龍亞目動物	始祖鳥在德國南部的天空中飛翔

廣，得到晚餐的機會就越大。

即使是草食性恐龍，身材越大或裝備的裝甲越多的傢伙，變成其他動物晚餐的機會就越少。這是一場進化的軍備競賽，唯一的限制在於恐龍的腿部和肌肉支撐其身體的能力。

慈母龍是白堊紀的草食性恐龍，長約 9 公尺。他們行群體生活。孵化巢穴的發現表明牠們密切照顧牠們的幼龍。

保持溫暖，保持涼爽

支撐自己的體重不是大個子的唯一問題。今天，所有的爬行動物都是冷血動物，實際上是個誤會：牠們的體溫取決於外部環境。經過一個寒冷的夜晚，蛇需要躺在陽光下，並在活動之前進行熱身。但牠們也可能過熱。巨大化的問題是表面積與體積的比例下降。因此，如果你體溫

1.45 億年
白堊紀開始，第一種開花植物出現

1.25 億年
中國的有羽毛恐龍生存年代

8000 萬年
晚白堊紀，陸地上有暴龍，海中有滄龍，空中有翼龍

6500 萬年
白堊紀末期，所有剩餘恐龍突然滅絕

過冷，讓身子熱起來需要更長的時間，如果你體溫高便很難散熱。

恐龍時代的氣候明顯比今天的氣候溫暖，因此保持涼爽可能是一個更大的問題。有證據表明，劍龍背後的巨大背板中有大量的血管，代表這些背板像大象的耳朵一樣變成了散熱裝置。恐龍的微觀結構也存在爭議性證據，從骨骼構造證明，牠們或許是溫血動物，也稱爲內溫動物（endothermic），如哺乳動物一般，可以控制自己的體溫。在一些恐龍的化石上找到如細小的羽毛般的絨毛，這表示牠們可能已經發展出絕熱的構造，並爲牠們是溫血動物提供了進一步的證據。

安寧 MARY ANNING，1799–1847

安寧的家在多賽特郡的萊姆里吉斯（Lyme Regis），這代表著她總能佔盡地利，從懸崖上收集大量下侏羅紀海生爬行動物。在她 12 歲時，她發現的第一隻魚龍被鑑別，從此她繼續尋找和鑑別許多物種，包括蛇頸龍和飛翔的翼龍。這是一個危險的職業：必須經常在冬天出門，尋找新的山體滑坡，在化石被潮水沖走之前尋找它們。1833 年，她幾乎喪命，並在山崩中失去了她的寵物狗。但她的性別，社會階層和墨守成規的宗教勢力，意味著她很難在當時的男性地質學家中獲得認可，她也從未被倫敦地質學會錄取。

有羽毛的恐龍

近年來發現的一些最令人興奮的恐龍化石，來自中國東北的遼寧省。許多都保存在淺水湖泊的細粒火山灰中。這些化石顯示出許多細節，某些案例中甚至可看出羽毛的痕跡。有些恐龍只有一層柔軟的保溫絨毛，但是其他的恐龍具有中空羽的大型羽毛，就像現代鳥類一樣。這些恐龍都很小，其中一種名叫小盜龍（Microraptor），並沒有比一隻雞大多少，但是四條腿上都有發育良好的羽毛。牠看起來好像不會飛，代表羽毛可能是用於求偶的展示。在首次用於滑行，以至完全飛行之前，恐龍們或許是先演化出保溫的羽毛，以及做爲性展示的用途。

究竟是何時，以及如何演化出現代鳥類，仍然極有爭議。在遼寧省的岩層中發現的化石，比在德國發現的始祖鳥（Archaeopteryx）還晚了約 2000 萬年。始祖鳥是在達爾文發表《物種起源》一年後才發現的，牠看起來確實像是一個「缺失的環節」。牠有長長的羽毛，可以眞正的飛翔，但牠同時有牙齒、翅膀上的爪子和有骨頭的尾巴。關於牠是否是現代鳥類的祖先，仍有爭論。

歐文 RICHARD OWEN，1804-1892

歐文接受了解剖學家的訓練，並對動物物種的比較解剖學產生了興趣。仔細觀察牠們的骨頭，使他確信了其中演化的關係，儘管他老是懷疑演化的機制是否和達爾文提出的一樣簡單。歐文對在英格蘭挖出的巨大爬行動物的骨頭化石感興趣，並在 1842 年英國科學促進協會的一場著名的演講中，創造了「恐龍」一詞來描述牠們。他同時也是 1881 年成立倫敦自然歷史博物館的推手。

恐龍有兩大分支：鳥臀類，奇怪的是這一支包含大型草食蜥腳類恐龍；和蜥臀類，其中包括演化出鳥類的獸腳類恐龍！這些獸腳類恐龍，如伶盜龍（Velociraptor）以兩條腿走路，可能跑得很快，所以牠們的漂亮羽毛可像天鵝和鵜鶘這樣的大鳥一樣，在長時間的跑步時展開來展示。然而，像伶盜龍這樣的有羽獸腳類恐龍，在牠們的翅膀上有很長的爪子，適合攀爬樹木。也許先從樹梢滑翔起飛的正是牠們。

可愛又有愛的恐龍

恐龍是卵生動物，已發現一些化石證據，表明牠們在住所築巢並坐在牠們的卵上。蛋的小尺寸和羽絨的證據顯示，新生的幼龍是嬌小、可愛和蓬鬆的——這些特徵與我們在父母身上獲取關懷反應有關。似乎有些恐龍有社會結構，不僅僅是爲了養育幼龍，也可能是因爲恐龍在團體狩獵時比單獨狩獵更有效率。

濃縮想法
大個子生存

42 滅絕

地球上所有曾經存活物種的 99% 現已滅絕！如果連沒有留下化石的物種一起計算的話，則比例將上升至 99.9% 以上。牠們永遠消失了。地質記錄揭示了五個主要的滅絕事件，其中超過一半的物種被消滅，而最著名的是 6500 萬年前的滅絕事件，結束了恐龍時代。

第一個線索

1980 年，諾貝爾獎獲得者物理學家阿瓦里（Luis Alvares）和他的地質學家兒子華特（Walter Alvares）提出了一個假設，來解釋白堊紀／第三紀邊界 *（K/T 邊界）的滅絕事件，他們認爲這是由小行星撞擊所造成的。他們的證據來自世界各地許多地方，在同樣深度上的一層薄薄的白色黏土。該黏土層含有高濃度的銥元素，這種元素在地殼中很少見，但在小行星中很多。同樣在這層中，特別是在加勒比海周圍，是衝擊石英的顆粒——微小的球形玻璃珠，從噴向大氣中的熔岩凝固而成。

宇宙撞擊

最終，證據指向位於墨西哥猶加敦半島附近的希克蘇魯伯（Chicxulub）隕石坑。電腦模擬顯示，撞擊坑是由直徑爲 6 至 7 公里的小行星形成的，以比高速子彈更快的的速度，低角度進入大氣。不幸的恐龍們向天仰望時，看到天空似乎被火劈開了。不到一秒鐘，小行星就在地表上撞出了 30 公里深的大洞，融化了數萬立方公里的岩石，在

* 譯註：舊稱白堊紀／第三紀邊界（Cretaceous/Tertiary boundary），現已改稱白堊紀／古近紀邊界（Cretaceous/Paleogene boundary）

時間線

4.5-4.4 億年
奧陶紀／志留紀過渡。兩個事件消滅了 57% 的屬

3.75-3.6 億年
泥盆紀／石炭紀過渡期。一系列滅絕事件消滅了 70% 的物種

2.51 億年
二疊紀／三疊紀邊界。大約 96% 的海洋物種和 70% 的陸地物種滅絕

撞擊地留下存續數十萬年的熔岩湖。噴射出的物質足以覆蓋數千公里以外的地區，並留下厚厚的撞擊碎片。接下來是數百公尺高的海嘯。高能量的噴射物質，主要是汽化的岩石，穿出大氣層，幾乎到達月球，然後再落回地球上，摧毀臭氧層並引發全球火災。

災難還未停止。小行星撞到了一層石灰石和硬石膏組成的厚實岩層，蒸發的硬石膏產生佈滿全球的硫酸鹽氣懸膠體雲，遮擋陽光並阻止植物生長好幾年，然後再降下高濃度的硫酸雨。與此同時，蒸發的石灰石將二氧化碳注入大氣層，這使得氣候在接下來的幾個世紀裡持續暖化。

可能需要一台高速攝影機才能拍攝這張在 6500 萬年前，直徑為 7 公里的小行星撞擊墨西哥海域的景象。

希克蘇魯伯隕石坑

在 1960 和 70 年代，尋找石油儲量的地質學家在墨西哥猶加敦半島附近發現巨大隕石坑，但石油公司不會發表詳細數據，因此這個發現基本上沒有被注意到。到了 1980 年代，阿瓦里的假設為地質學家設定了一個新的搜索方向，使搜索再次集中在加勒比地區，那裡的 K/T 邊界層最厚，包含來自巨大海嘯後的混亂沉積物。海上地震勘測，飛機上的雷達和樣本鑽孔結果都顯示，位於希克蘇魯伯鎮附近地形的圓形結構，正是距離 6500 萬年前，直徑達 180 公里的隕石坑遺跡。

難怪大規模的物種會滅絕，但事情可能更糟糕！有許多次撞擊發生，這些隕石或許是來自小行星的碎片。在北海和烏克蘭發現了相同年齡的較小隕石坑，另一個是在印度西海岸附近的較大隕石坑，但存在爭

2.5 億年

三疊紀／侏羅紀邊界，大約 55% 的海洋屬和大多數大型兩棲動物被消滅了

6500 萬年

白堊紀和恐龍時代末期

議。

> 如果6500萬年前，一個巨大的外星隕石一完全隨機的從宇宙射向地球一並沒有引發恐龍的滅絕，那麼今天哺乳動物仍然是小動物，在恐龍世界的角落和縫隙裡掙扎生存。
>
> ——古爾德（*Stephen Jay Gould*）

火山爆發

也許這種破壞已經造成關鍵的致命影響，但還有其他候選者可以解釋滅絕問題。其中一個具有說服力的理論是一系列大規模的火山爆發。6500萬年前，印度次大陸漂浮在一股地函熱柱上，即現今的留尼旺島的位置。熔岩的上升動能分裂了次大陸，將靠北的大陸撞向亞洲，並在科摩羅群島周圍的海洋下留下另一半。印度的其中一半是地球上最大的洪流玄武岩（flood basalt）遺跡，構成了現在的德干暗色岩，其厚度超過2公里，面積達50萬平方公里。伴隨這種火山爆發的火山灰和硫酸鹽氣懸膠體，會在反射太陽光時引起全球溫度的顯著下降。之後，由於二氧化碳排放，溫度會上升。總體結果將引起不穩定的氣候。

時間點問題

撞擊理論和火山理論各有擁護者，而其他幾種理論涉及到氣候變化或下降的海平面，其中任何一個都可能是生物們的壞消息，造成50%的屬和75%的植物和動物物種滅絕。然而最熱烈的爭論是關於時間點。很明顯，在影響發生之前，許多物種已經在衰退，並且有可能在大滅絕之前就持續衰退達30萬年，儘管這種相對較小的時間間隔很難衡量。火山爆發事件在K/T邊界之前已經開始了200萬年，物種數量已經開始下降。目前共識可能是：所有理論都是正確的。在生物系統中引起滅絕事件，需要長期壓力和短期衝擊並行發生。

最大的滅絕

無論是什麼原因，滅絕事件曾多次發生，而K/T事件並不是最大的。這個駭人的榮譽歸於2億5140萬年前，二疊紀末期發生的事件，被稱爲「大滅絕」：96%的海洋物種和70%的陸地脊椎動物從地球上消失。目前還找不到當時的任何撞擊事件，但因為海洋地殼都沒有那麼古老，所以如果撞擊發生在海上，那麼紀錄就會消失。然而，當時在西伯利亞還有另一個大型洪流玄武岩事件，佔地 200 萬平方公里。

總而言之，在過去的 5 億年中發生了五次大滅絕事件，造成地球上至少有一半物種被消滅，加上至少 16 次較小的事件。所有事件都可歸結為長期壓力和突然撞擊的致命組合。

下一次滅絕

所以滅絕會再次發生嗎？當然沒有理由認為我們現在已免受小行星撞擊或災難性火山活動的影響。已經有一個很好的系統可以發現小行星並跟蹤其軌道，但是人類要有技術改變它們的軌道還需要一段時間。有微弱的證據表明，大約每 6200 萬年就會出現一次滅絕事件，也許是因為天文事件激起了外太陽系中的彗星。而最近一次是在 6500 萬年前！但是，滅絕事件可能已經在進行中。由於人類活動的影響，據估計，按照目前的滅絕速度，到本世紀末，我們可能已經損失了地球上所有物種的 50%—因被狩獵和棲息地喪失所致。而真正的氣候變化甚至還未到來。

濃縮想法
滅絕：一切都變了！

43 適應

6500 萬年以來，哺乳動物稱霸地球。最初是小型，毛茸茸的溫血動物，一旦恐龍退出舞台，牠們就能夠適應和多樣化。但像恐龍一樣，哺乳動物也透過變大而獲得成功，只是也同時隨著氣候變化而受傷害，而猿類開始使用工具來適應環境。

雌性哺乳動物的一個簡單定義可能是乳腺，即能夠生產乳汁來哺育其幼崽。這是當今有效的定義，但乳腺不會留下良好化石，所以第一批哺乳動物的定義，竟是下顎和耳朵！所有哺乳動物的下顎都是單個骨頭；但其他有下顎脊椎動物中則有三個主要的下頜骨。在哺乳動物中，另外兩個骨骼位於中耳，並表現出完全不同的功能。

似哺乳爬行動物

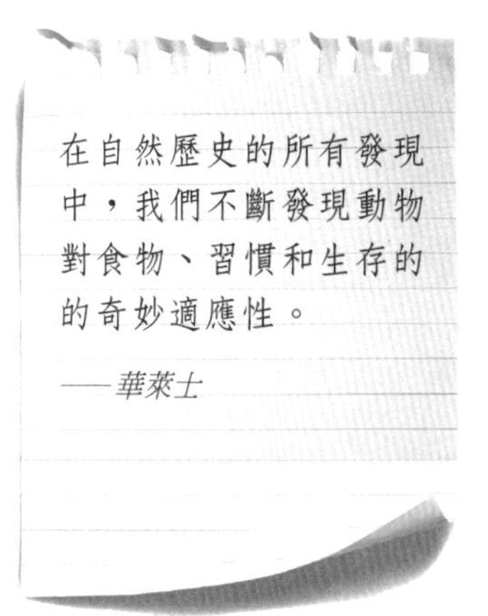

早在有眞正的哺乳動物之前，就有類似哺乳動物的爬行動物，稱爲獸孔目（therapsids）。牠們曾與恐龍的祖先競爭，並幾乎獲勝。到二疊紀晚期，有些獸孔目成長至犀牛的大小，是當時的主要掠食者。他們在二疊紀末的滅絕中遭受重大挫折，當時 70% 的陸地脊椎動物物種消失。在三疊紀中，花費了 3000 萬年的時間，才讓脊椎動物在每個生態位中重建，而這次，恐龍在被稱爲「三疊紀的收割」中拔得頭籌。

即使在三疊紀，似哺乳爬行動物仍然能適應。牠們

時間線　哺乳動物時代

2.7 億年	2.48 億年	1.25 億年	8500 萬年	6500 萬年
第一個似哺乳動物的爬行動物	二疊紀大滅絕和三疊紀生物取代	第一次不同的單孔目和有袋類哺乳動物	可能的第一個真正胎盤哺乳動物	白堊紀滅絕事件，恐龍時代結束

有一個骨質的次級顎，可使牠們能咀嚼，因此消化更有效率，使牠們能夠同時呼吸和進食。一個名爲犬齒獸（cynodonts）的群，或許已經發育出毛髮，也可能是溫血動物，能夠將代謝物轉變爲乳酸。有些物種還能挖洞；在一個洞穴系統中發現了多達 20 個被洪水埋住的個體，顯示牠們有社會性。

巨型動物群

哺乳動物從未陷入跟恐龍一樣的進化軍備競賽，但隨著氣候變冷和哺乳動物漸趨多樣化，越長越大成爲一種有用的生存策略。幾乎每個哺乳類家族都有大個子。在有袋動物中有巨型的袋鼠和袋熊，其他有猛獁象和長毛犀牛，巨型短臉熊和巨型麋鹿，巨型海狸和劍齒虎。牠們都有較長的生命和很少的天敵，但繁殖率很低。在過去的 5 萬年裡，牠們中的大多數已經滅絕，很容易聯想到這是人類捕獵的傑作。而在今天，大多數剩餘的巨型動物，如大象、犀牛、鯨魚、大猩猩、老虎等，仍然受到撲殺、盜獵或棲息地被破壞的威脅。

最初的哺乳動物

哺乳動物可能由犬齒獸所演化。起初牠們是嬌小，夜行性的食蟲動物，就像現代的鼩鼱，有助於牠們避開飢餓的恐龍，以及有利於溫血、保暖皮毛和良好嗅覺的演化。複雜嗅覺的發展需要更大的大腦容量，這或許是導致哺乳動物變聰明的驅動力之一。其中的大多數身長小於 5 公分，也代表著牠們的化石遺骸在整個中生代時期很少見。

到 1.25 億年前，今天存在的三種主要哺乳動物群已經分家。像鴨嘴獸這樣的單孔目（Monotremes）是最原始的，牠們產生乳汁，但就像一塊沒有乳頭的皮膚分泌的汗液一樣。有袋動物（Marsupials）會生

6000 萬年	700 萬年	350 萬年	180 萬年	10 萬年
快速的多樣化，建立主要的現代哺乳動物家族	人類和黑猩猩的最近共同祖先	寒冷氣候刺激人類演化	非洲出現直立人	智人離開非洲

出一個很小的幼崽，當牠們喝奶時會留在小袋中。而像我們這樣的胎盤哺乳動物會生出幼崽，這些幼崽會在母體內發育，直到牠們更成熟。

適應

大多數哺乳動物主要的目已經在白堊紀時期出現，但現代的動物科只有在 6500 萬年前恐龍滅絕之後才出現。牠們之間的關聯究竟如何，仍然是有爭議的主題，取決於以化石解剖學，或根據現代物種之間的分子生物學去比較。無論用哪種方式，比較範圍都很廣闊，而一些親緣關係令人大感驚奇。例如，海豹與貓和狗血緣很近，而鯨魚和海豚的近親竟是豬和牛，而與大象最接近的是儒艮和海牛。正如這個清單所示，多樣化和適應每種可能想像的生活方式一直是哺乳動物生存的關鍵，不論是滑翔、攀爬、挖洞、啃咬、食草、腐食或獵殺。

智人（Homo sapiens）

一種哺乳動物物種在改造地球方面遠遠超過其他物種：智人——我們自己。完全現代化的人類已經存在了超過 10 萬年，當時他們從非洲開始傳播，並殖民世界各地。在智人之前，直立人（*Homo erectus*）也有發達的大腦，以雙足行走並使用工具。大約 100 萬年前，現代人類的古老祖先離開非洲，在北歐演化出尼安德塔人。由足跡顯示，我們可能的祖先，阿法南方古猿（*Australopithecus afarensis*）在 360 萬年前以直立行走，甚至在此之前，非洲就已經有好幾個人類祖先的候選人。

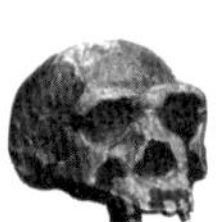
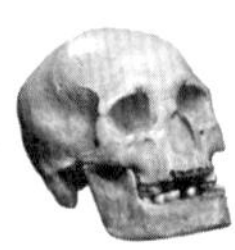

可能的人類祖先：Adapis，一種 5000 萬年前的狐猴；Proconsul（2000 萬年）；南方古猿（250 萬年）；Homo habilis（180 萬年）；直立人（160 萬年）；早期智人；現代智人。

第一個人類

哺乳動物進化的最後轉折是人類的出現。這可能是最終的適應，因爲我們能夠使用工具和技術，讓環境適應我們的需求，遠比演化更有效率。早期人類化石非常稀有，但受到人們高度關注。直至今日，已經發現了許多人類先祖的候選人。一些特徵的漸進演變，例如怎麼發展出用兩條腿走路，及大腦的發展史，已經非常清晰。我們比較不明白的是，若回到兩百萬年前，在如此多的人類物種中，哪一個才是我們眞正的祖先？人類的生命之樹實際上是一個衆多分支的灌木叢。

濃縮想法

哺乳動物最終適應和改變世界

44 化石分子

化石不僅僅是死亡的生物變成了石頭而已。精密的新分析技術顯示，生命中的一些化學物質，偶爾能被保留下來。這些分子化石為進化及其時間表提供了新的線索。與此同時，現今的物種在其基因中傳承著祖先的生命遺產。

生命的化學物質既複雜又脆弱。死後，屍體會在數小時，數天或數年內腐爛。但在某些情況下，一些分子，或至少是分子的碎片，可存在數千年甚至數百萬年，給考古學家甚至古生物學家提供了窺視過去生命的窗口。

化石化

大多數死去的植物和動物都會被吃掉。在大型清除者和微小的細菌和眞菌清除分解之後，很少留下尚未礦化的物質，甚至連殼和骨都會被侵蝕，溶解或研磨成粉末。快速地被埋藏，並逃脫初期破壞的生物遺骸可以緩慢地被填充，並在產生沉積岩的成岩作用過程中，被其他礦物所取代。

分子定年

有時，貝殼中的礦物質或骨骼捕獲蛋白質和 DNA 並保護它們。但 DNA 仍然會以穩定的速度自然衰變。與放射性衰變不同，這是一種化學過程，其分解速率取決於溫度等外部因素。因此，有機分子的定年不如同位素有用，然而在某些情況下仍然有用。一個很好的例子是遺留在

時間線 以下生物與人類的最近共同祖先

4.6 億年	3.4 億年	3.1 億年	1.8 億年	1.4 億年	1.05 億年	8500
鯊魚	兩棲動物	爬行動物，恐龍，鳥類	鴨嘴獸	有袋類	大象	狗，馬，

非洲許多史前考古遺址上的棄置鴕鳥蛋殼。許多蛋白質有兩種鏡像形式：左旋和右旋，關係正如同左手和右手：成分相同而互爲鏡像。在生命體中，這些蛋白質都是都是左旋的，但在生命體死後，它們開始轉成無鏡像的形式，這個過程稱爲外消旋。因此，在固定的溫度下，右旋蛋白質的比例可以做爲測定年齡的依據。

遺傳的軌跡

DNA 測試能解決親子糾紛，但也可以揭露更遠的祖先。傳遞到母系的粒線體 DNA 和透過雄性系遺傳的 Y 染色體 DNA（Y-chromosome DNA）可以顯示古代人類遷徙中的性別差異。（在西北歐沿海居民的 Y 染色體上有很多維京人的 DNA！）有許多基因特徵或多態性可以證實對疾病的抵抗力，可以顯示過去疾病的地理傳播和人類受疾病影響的地區遷徙。最明顯的證據來自暴露於瘧疾中，這可能導致許多抵抗力的多態性。其中一些可能是由亞歷山大大帝東征後回鄉的士兵所帶回歐洲的。

古代基因

DNA 是一種脆弱的分子，透過水解過程迅速分解成短片段。但片段可保存在貝殼、骨頭、牙齒或其他不透水的材料中，如琥珀。與蛋白質分解一樣，DNA 分解的速度取決於溫度，也因此，保存在西伯利亞永凍層中的猛獁象的遺骸，比撒哈拉沙漠中相同年代的化石，更容易含有可用的 DNA。

現代技術，特別是聚合酶鏈鎖反應（polymerase chain reaction，簡稱 PCR），可以從單個 DNA 片段中製備數千個複製品，而後對其進行基因組定序。但此過程十分敏感，樣本極容易受到污染。最容易分離的是粒線體 DNA（mitochondria DNA），因爲每個細胞在細胞質小環中都含有許多樣本，而細胞核 DNA 則更難分離。儘管如此，我們已經復原了足夠的猛獁象 DNA（包括粒線體和細胞核 DNA），以研究牠們與現代大象的關係。奇妙的是，粒線體 DNA 僅會在雌性世系上傳播，從這條線索顯示出猛瑪象與亞洲象的關係密切，但其細胞核 DNA 卻更接近非洲象！

復活滅絕物種

如果能找到足夠的 DNA 來重建其完整的基因組，理論上應可能復活已滅絕的物種。但在實踐中並不容易。日本團隊花了 1000 多次嘗試，想用核轉置技術（clone，意為複製）來復活在實驗室裡被冷凍十六年的七隻小鼠，但仍未成功。在更高溫下，儲存在博物館中的 DNA 樣本，技術上將更加困難。但是許多滅絕物種的 DNA 已經從博物館的樣本中分離出來，例如渡渡鳥、斑驢或袋狼。複製冷凍小鼠的團隊宣布，他們可能在五年內，成功從冷凍 DNA 中重建一隻活的猛獁象。這樣做將涉及許多技術，如用猛瑪象 DNA 取代大象細胞中的 DNA，將其植入大象的卵細胞，並將其植入活的母象的子宮中。

真正的侏羅紀公園

正如科幻小說中經常出現的橋段，電影*侏羅紀公園*（*Jurassic Park*）中，合理的科學假設似乎被推向不合理的極限。電影裡說，以恐龍為食的吸血昆蟲被困在琥珀中，並在胃中保存恐龍 DNA，而從這些 DNA 中可重建完整的恐龍基因組並複製恐龍。實際上，我們甚至無法從琥珀中提取昆蟲的 DNA，更不用說恐龍 DNA 了。即使恐龍 DNA 真的存在，它也會被分解成極微小的片段，即使用複雜的超級電腦，重建基因拼圖也是不可能的。也許，暴龍永遠滅絕了，對我們來說是幸運的。

活化石

化石內 DNA 很少見，但每種動植物體內，都含有我們祖先的分子化石——活的。任何懷疑生物演化關係的人，只需要看看不同物種基因之間的相似性，就可以明白一切。執行生命所必需的功能基因，在很多物種中都保留了下來。人類不僅與黑猩猩有共同的基因，我們還與果蠅，甚至酵母共享一些相同基因。身體中 50% 的基因可以在香蕉中找到對應！

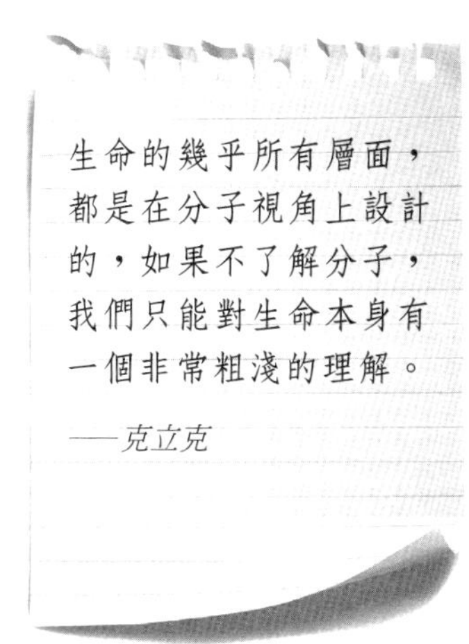

分子時鐘

生物的基因中，也含有相當長序列的垃圾 DNA（junk DNA），這些 DNA 沒有明顯的目的或功能。因此這些區域的突變會遺傳並逐漸積累，就像分子的時鐘一樣，可以估計兩個物種在多久以前分家，而除非用化石證據進行校準，否則不能得到絕對年代，但仍可以推測一些事實，例如人類和紅毛猩猩的分歧，比人類與黑猩猩分歧的時間早了一倍，而已知黑猩猩和人類的最近共同祖先大約在 700 萬年前。根據分子時鐘的演化關係，與從解剖學推導出的時間大致相同，但是仍有一些爭議點，目前仍在激烈討論中。

濃縮想法
透過分子揭開演化之謎

45 人類世

最近的冰河時期於 11700 年前結束，在那之後，我們享有相對穩定的氣候和地質時代，稱為全新世（Holocene）。農業，城市和全球貿易蓬勃發展。然而，一些地質學家認為，人類活動改變地球甚鉅，以致我們已進入了一個新的地質時代——人類世。

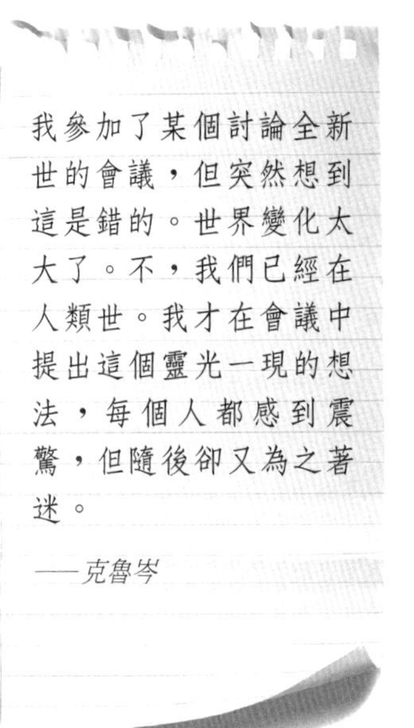

人類世（Antheopocene）一詞，是由生態學家史托默（Eugene Stoermer）創造的，並於 2000 年由諾貝爾獎得主，化學家克魯岑（Paul Crutzen）提倡。他認爲人類已經改變了地球，導致地質記錄中將有一個明確的劃分線，足以構成一個新的世。

進入新世代

過去，在地質紀年通常以 10 萬年起跳，少於一萬多年的全新世已經很短，故有人建議可簡單地將全新世改名爲人類世。這個年代與新石器時代農業的興起相當吻合，當時常砍伐森林以改作農業使用。然而，這舉動本身並沒有大大的改變自然界。

地質學家尋求標記新時代的是所謂的金釘（golden spike），一種獨特的地質標記，會出現在世界上任何地方的同年代岩層中。關於進入新世代，一個可能的金釘出現在約 2000 年前，當時羅馬人開始大規模的開採和冶煉鉛礦，留下

時間線　人類在地質年代的紀錄

260 萬年前
在東非，第一種大規模使用的石器，稱為奧杜萬（Oldowan）

前 7000
大規模的森林砍伐，第一座城市誕生

1 世紀
在沉積物岩心中，由於冶煉使的鉛濃度上升

1800
大氣中二氧化碳濃度開始上升

了連格陵蘭冰芯中都可鑑識的金屬痕跡。另一個說法是定於西元 1800 年左右，大約是工業時代的開始，反映在沉積物和冰芯中汞含量的上升，這是由煤的燃燒，從燃煤中所釋放出來的。此標記伴隨著人口的快速增加，以及目前大氣中二氧化碳上升的起始點。

另一個建議是，人類世應該在 1945 年第二次世界大戰結束時開始。這標誌著人口增長和都市化的更進一步。以地質層面來說，在未來數百萬年的沉積礦床中應該很容易識別，因爲它標誌著核能時代的開始。在廣島和長崎上空引爆的原子彈及之後的大氣核爆試驗，將留下放射性同位素的痕跡，這些放射性粒子目前已埋在世界各地的泥層中。

代、紀、世或期？

地質年代劃分爲不同單位。前寒武紀（Precambrian）歷時近 40 億年，是一個超宙，共包含三個宙（eon）。第四個宙是最近的一個，即顯生宙（Phanerozoic），已持續了 5.42 億年。分爲三個代（era）：古生代，中生代和新生代。各自包含幾個紀（period），例如侏羅紀或白堊紀，又可進一步細分爲世（epoch），通常約爲 1000 萬年。現代所處的第四紀包含更新世和全新世。問題是：人類世是否代表如此重大的變化，應該標誌著一個世的開始－甚至是一個代或一個紀？

變化度

最近一個地質紀是第四紀（Quaternary），以一系列冰河時期的開始爲標誌。而當今新生代的開始，可追溯到恐龍滅絕和氣候迅速變遷。那麼，人類所帶來的變化，是否會在未來的地質記錄中明顯突出呢？

20 世紀
沉積物中鉛的第二個高峰，來自汽車廢氣排放

1945 年
全球沉積物和冰芯中紀錄首次原子彈爆炸後的放射性同位素

1970 年代
塑膠碎片在沉積物中開始普遍存在

大規模物種滅絕

與赫頓的深度時間感受的緩慢而無情的變化相比，過去 70 年來的變化可說是聳人聽聞。這段時期被稱爲「大加速」。在七十年間，世界人口增加了一倍多，二氧化碳排放量則增加了六倍，平均氣溫和海平面開始上升，許多冰川已經消失。海洋中，藻類的生物數量減少了 40%。一些自然棲息地減少了 90%，物種滅絕的速度比背景值快 100 至 1000 倍，恐怕與白堊紀末的速度一樣快。從地質角度來看，早期的人類世是地球有史以來最大的滅絕事件之一。

人類會留下什麼

因此，假設科技再也無法阻止地質的進程，那麼人類文明在 1 億年後將留在岩石中的線索是什麼？後人將能得到氣候變化的證據，也將發現物種滅絕和生物多樣性喪失，以及核能發展留下的同位素痕跡。但是我們的紀念碑、城市和家園呢？

化石城市

被遺棄的城市最終將被侵蝕並消失在地平面，以沉積物的沙粒形式進入岩石循環。但地下的地基或沉在海底的城市可能會被掩埋或化石化。在 1 億年後，還會留下什麼？鐵將會生鏽，木材會腐爛或碳化。將燒製過程以熱逆轉時，磚塊會變軟並變成灰，混凝土破碎。如果這些遺跡埋得夠深，地熱和壓力將開始改變它們。塑膠製品或許會還原爲石油，磚塊可能變成變質片岩，混凝土可能會變成大理石。最終，所有物質都將融化成花崗岩，人類建造的一切將化爲烏有。

大多數地層都在水中沉積，然而人類大部分時間都生活在陸地上。海洋沉積物可能包含偶爾落在船外的玻璃瓶，也許還有一些沉船殘骸。在陸地上，無情的侵蝕力將所有建築分解。即使是磚塊和混凝土，最終也會化為沙子和礫石——儘管是奇怪的沙子。此外，幾乎所有沉積的沙子都會含有沙粒大小的塑膠，這些塑膠是過去沉積岩中從未出現過的。

但一些化石城市仍將存在。例如紐奧良、阿姆斯特丹、威尼斯和達卡，城市建在海平面或甚至海平面以下，並在河流三角洲地區，將堆疊厚厚的沉積層並將城市掩埋。即使陸地沒有下沉，海平面的上升最終也會吞沒地勢低的城市，將它們埋在泥土中，為未來的地質學家保留它們。

濃縮想法
人類留下地質標記

46 未來資源

今天，地球上有超過 70 億人。據估計，若所有人都要達到一般美國人的生活水準，就需要五六個像地球這樣的行星來供應他們的生活。那麼，人類如何能夠舒適，可持續地量入為出的生活著？

除了陽光，我們所依賴的一切資源都來自地球：從吃的食物，穿的衣服，到建造房屋的材料，和驅動我們交通的能量，都來自地表。我們是一個聰明的物種，新發明的技術毫無疑問將從地球中汲取更多資源並充分利用。但很明顯的是，人類「最美好的時代」換來的是，石油的消耗，或許是一切的資源消耗，都達到歷史高峰。

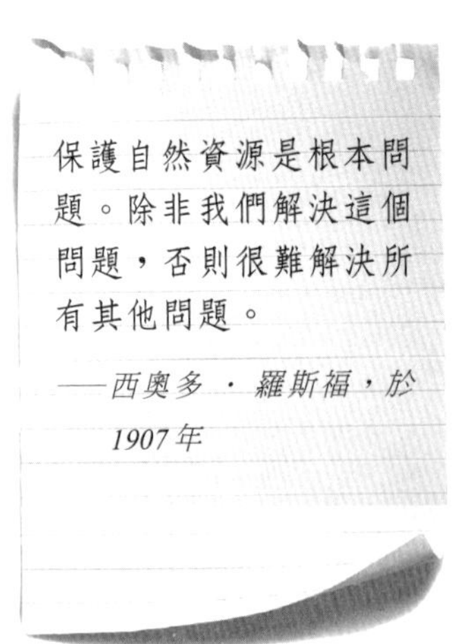

生命之所需

有人估計，如果人類只是一種非依賴科技，而依靠狩獵和採集生存的物種，那當今的人口數要少 1 萬倍。當新石器時代開始，農業蓬勃發展時，人類的發展超過了這個門檻，從那時起，除了因黑死病等瘟疫造成的一些人口減少外，世界人口約在西元 1800 年達到了 10 億，到 1927 年增加了一倍。在 1974 年再次增加一倍，並在 2011 年達到了 70 億人。

這些結果只有透過農業發展才有可能實現。雖然世界上許多人仍然營養不良，但由於作物育種，肥料和殺

時間表　何時會用完？

13 年	29 年	30 年	40 年	45 年
銦（用於液晶顯示器）	銀	銻	已探勘的石油儲量	金

蟲劑的改良，大飢荒已經很少見了。但這些都需要付出代價，而不能永遠持續下去。有 30% 的陸地面積，包括大部分適於農業的地區，已經被開墾用於耕種，而在一些地區，集中種植，化學肥料和灌溉都在消耗土壤。隨著發展提升，越來越多人希望擁有以動物蛋白爲基礎的飲食，這需要更多的土地來生產── 以及更多的水。淡水資源可能很快成爲世界上部分地區最大的政治問題之一。

開採海洋

隨著陸地礦山的枯竭，我們必須開發新的採礦技術。深海底的大片區域覆蓋著富含某些元素的礦物結粒，例如錳（Manganese，Mn）和鈷，並且已經有計畫開採這些結粒，另外還有使用長長的水下吸水管。海水本身含有有價值的礦物，雖然濃度稀薄，但這只是如何提取的問題。只要有 3% 的海水中的鋰，便足以爲地球上的每個家庭提供電動汽車。

稀有和貴重元素

新科技，尤其是電子業，對相對稀缺元素的供應提出了新的要求。例如，液晶顯示屏需要銦（Indium，In）；一些較新型的太陽能電池需要鎵（Galiium，Ga）；風力渦輪機和電動汽車電機的高效磁鐵使用釹。鉭（Tantalim，Ta）用於行動電話，和鋱（Terbium，Tr）用於燈泡的螢光塗層。

這些稀土元素（rare earth elements）確實稀有且難以提取，而其中許多是在中國開採的，隨著中國本身的工業發展，使可供出口的數量減少。英國地質調查局公佈了一份風險清單，根據其稀缺程度，地理範圍以及開採國家的政治穩定性對要素進行評分，其列表的頂部，都是銻（amtimony，Sb），鉑，汞，鎢和一些稀土元素。

59 年	61 年	67 年	116 年	120 年
鈾	銅	天然氣（不包括甲烷水合物）	鉭（用於手機等電子產品）	煤

太空採礦

要進入太空，在燃料上所費不貲，但至少在回來的路上有重力在你身邊！抓住正確的小行星並將它拖回地球，如果你可以將它帶回地面而不會在撞擊時完全蒸發，那麼你將擁有一個世紀所需的所有鉑和重金屬。但若我們眞有這技術，那將小行星留在太空來建造新的宇宙飛船和殖民地也許更省。未來的能源可能來自月球上開採的氦-3，甚至是來自太陽風的乾淨氫能源。

需求改變

如果某些新技術變得普遍，需求將突然超過特定元素的供應量。例如，如果電動汽車流行起來，那就會需要很多的鋰來製造電池，也會需要很多釹來製造引擎裡的磁鐵。一輛豐田普銳斯（Toyota Prius）油電車裡面，包含近一公斤的釹。而如果由燃料電池驅動的汽車大規模生產，那麼鉑的需求將突然暴增。如果世界上所有車輛都使用燃料電池，那全世界的鉑將在 15 年內用盡。事實上，很多鉑用於汽車廢氣的觸媒轉換器，在馬路邊遺留的廢氣灰塵，其中含有百萬分之 1.5 的鉑，幾乎高得值得開採了。

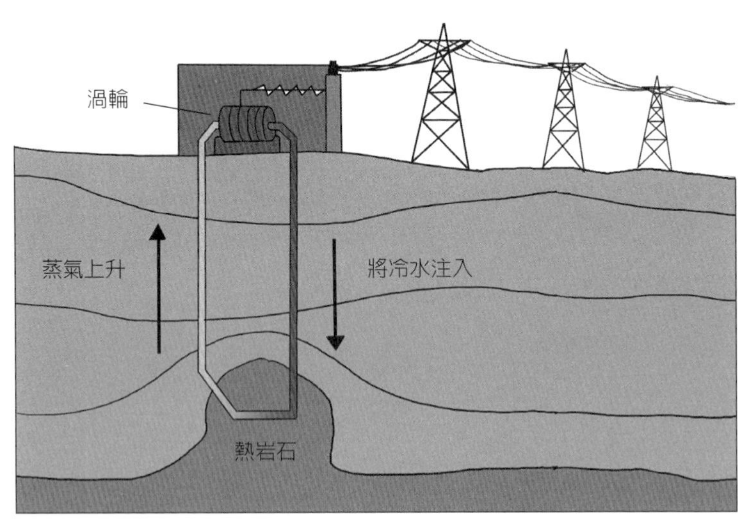

地熱發電廠將冷水注入井眼，在地底加熱成蒸汽並上升，以驅動渦輪機。

化石燃料

按照目前的消費速度，已探勘的石油儲量將在大約 40 年後耗盡。如果我們的石油消耗已達到頂峰，石油消耗可能會開始下降，使得供應能持續更長時間。我們遲早會找到新的石油，但提取它們會越來越困難和昂貴。隨著石油價格的上漲，更多本來不合效益的儲量變得值得開採。即便如此，我們將面對下個世紀石油資源枯竭的可能性。

天然氣儲量也將在本世紀耗竭。但如果能夠找到安全，經濟的方法從海底回收甲烷水合物，它們可以再提供 100 年的天然氣。以目前的開採率說，煤的儲量將可用 120 年。

核燃料

目前的核電廠依賴鈾作爲主要燃料，而現有的核燃料只夠持續使用 60 年。也許將來可能會發現更多礦藏，但已經有一些專家建議開發儲量更爲豐富的釷來發電，這樣還可以產生較少放射性廢料。最終，核電廠可能需要使用跟太陽供給能量相同的技術：核融合（nuclear fusion）。合適的燃料元素可從海水中提取，雖然含量極少。阿波羅 17 號的太空人施密特（Harrison Schmitt），甚至提議用氦 -3 進行核融合反應，可以從月球的地表塵土中開採出來！

濃縮想法

資源消耗不能永續

47 未來氣候

氣候變遷是這個時代的熱門話題。有些人認為科學家們對氣候模型的預測是最糟情況，一些人則保持懷疑態度。但以地質的角度對過去的觀察及對未來氣候的推測，都表明一個事實——變化是不可避免的，只是變化多大和變化多快的問題，以及我們能做些什麼去控制。

快速瀏覽一下地質紀錄（見第 31 章）可以發現，在過去的很長一段時間裡，地球的氣候與現在非常不同，處於另一個穩定狀態。冰河時期的平均溫度比現在溫度低 7 到 8℃，並且也有長時間的溫暖期，例如在中生代期間，平均溫度比現在高出 10 到 15℃。過去的差異是由於各種因素的綜合作用，包括太陽本身的變化，地球軌道的改變，以及大氣中溫室氣體濃度的升降。但過去從沒發生過的是，在短短一個世紀中，地球上很大一部分化石燃料已經燃燒並化成煙霧。

證據

證明大氣中二氧化碳含量上升的證據是毋庸置疑的。溫室效應的物理學已經確立。更難以證明的是預測全球平均溫度可能變化的幅度。到目前爲止的故事可以在惡名昭彰的「曲棍球桿」圖中看到，由於過去 50 年平均氣溫突然上升所致。該圖表可以追溯到 1000 年前，但在西元 1850 年之前必須依賴溫度計以外的技術測量氣溫，因此有些人對圖表的準確性提出質疑。但幾乎所有氣候學家都認爲世界正在變暖。

時間線　未來的氣候

現今	2012 年	2100 年	2200 年
氣溫在過去的 1 萬年間平穩	氣溫開始上升（+0.8℃）	二氧化碳濃度比工業化前提升 2 倍。溫度 + 3℃。海平面 +0.5 公尺	西南極洲冰川開始融解。海平面 +3 m

模型和預測

預測未來的暖化過程是複雜的。我們需要一台超級電腦才能預測幾天後的天氣，因此對本世紀末以前，甚至對更久以後的預測充滿了困難。益發精細的地球氣候系統模型在電腦中建立，並針對許多小變數調整結果。確切的預測各不相同，但幾乎在所有模型下，暖化都將會持續，到本世紀末，預估溫度將上升 2 到 4℃。

> 我們無法跟事實討價還價……我們這一代破壞地球的適居性，並毀掉後代子孫前景的行為是錯的。
>
> *——高爾（Al Gore），2008 年 12 月*

極地冰融化

其中一個不確定因素是正回饋的程度：即溫度小幅上升可能觸發某些造成溫度劇烈上升的連鎖事件。這些過程包括破壞海洋環流，從天然氣水合物或北極苔原中的碳釋放甲烷。甲烷作為溫室氣體的效力是二氧化碳的 25 倍。最近的估計表明，北極永久凍土的解凍速度比預期的要快，會釋放出大量的甲烷，所造成的衝擊是全球森林砍伐影響的兩倍。

掩蓋事實

少部分科學家，及他們的眾多支持者，曾表示情況並不像政府間氣候變化專門委員會（IPCC）預測的那樣糟糕。他們提出一些證據，指出在地質記錄中，二氧化碳的大幅增加，似乎發生在全球氣溫上升之後。這可能是由於正回饋：溫度升高可能導致大氣中碳含量的增加。過去，地球的溫度上升，或許確實是由於其他因素造成的，例如太陽（畢竟當時還沒有人在燒化石燃料）但不代表這個因素可以抹去碳排放所造成的影響。實際上，由於空氣污染和當前太陽活動低所導致的全球調黯（global dimming），可能掩蓋了真正的暖化程度。

2500 年	5000 年	10000 年	55000 年
溫度上升到最高點，+ 8℃	格陵蘭冰帽的最後殘冰融化。海平面 +12 m	東南極洲融化。海平面 +70 m	由於溫室效應，該來的冰期將不會發生

以地質工程遮蓋陽光

1992 年，平納吐波火山的爆發給了科學家們一個想法。在接下來的兩年裡，由於火山噴發將硫酸鹽氣懸膠體噴入平流層，可將太陽光反射回太空，使全球溫度下降約 0.5℃。因此，若製造幾個人造火山，從懸浮的平流層氣球中不斷向大氣注入反射粒子，或許能保持全球溫度穩定。但這僅是理論，因這種做法可能引發了一些未知因素和一系列道德困境。

極端事件

氣候模型表明全球暖化不會是全球平均的。近年來，北極和南極的邊緣暖化比其他任何地方都更加劇烈。而同樣的，在某些地方，氣候變化使現有問題變得更糟。在熱帶地區，降雨變得更加不穩定，沙漠越來越乾燥；在溫帶地區，乾旱和風暴似乎更多。世界糧食生產的影響可能會雪上加霜。

上升的海平面

氣候變化也將影響海洋。隨著海面暖化，水難以下沉以完成海洋環流的輸送帶，而這種環流是使海洋國家氣候變得溫和的因素。洋流還輸送對海洋生物和漁業至關重要的營養素。增加的二氧化碳將溶解在海洋的表面，使海水變得更酸，溶解了珊瑚和貝殼，進一步損害海洋生物。

對大氣進行地質工程

到目前爲止，幾乎沒有跡象表明，任何國家或個人願意爲大幅度減少碳排放做出必要的犧牲。也許技術可以彌補？對海洋進行施肥以使浮游生物吸收二氧化碳的初步實驗一開始效果不錯，但二氧化碳很快就會釋放回大氣層。從發電廠煙囪中提取二氧化碳並將其注入廢棄的油井中，在技術上是可行的，但在經濟上則沒有吸引力。其他的想法包括在都市中建造大量水泥管森林以吸收二氧化碳，或將石灰石轉化成石灰後散布在海中，石灰的轉化過程會吸收兩倍的二氧化碳。所有這些地質工程技術都需要花錢，而且只是控制排放的臨時替代品。

最後，隨著極地冰帽融化，海水變暖和增加體積，海平面將開始上升。對於常面臨風暴的低海拔地區來說，即使海平面提高幾公分也是壞消息，而海平面上升一公尺，會使一些島國，沿海城市甚至整個國家（例如孟加拉國）面臨毀滅性的大洪水風險。如果所有的極地冰都融化，海平面將上升 70 公尺！

2100 年以後

在地質學的深度時間裡，一代是微不足道的，而政府的任期更只有短短幾年。那麼，在一個世紀後，甚至下一個千禧年中，氣候變化的劇本是什麼呢？大多數氣候模型都只模擬運行到 2100 年，但暖化問題不會就此結束。一種劇本是，二氧化碳濃度一路上升到 2050 年，這將使平均溫度上升 2 到 4℃，而高溫將持續幾個世紀。但是最糟糕的劇本是，我們一直持續燃燒到所有的煤用盡爲止，這將導致下個世紀溫度上升 6 到 10℃，高溫將持續數千年，並導致極地冰完全融化。

濃縮想法
暖化不可避免

48 未來演化

地球上五億年來生命演化，已經造就了一些非凡的生命：從微生物到龐然大物，從優雅到怪誕的都有。最能適應環境的生命是那些僥倖存活，以及演化成功的物種。這個過程還在繼續嗎？我們人類還在不斷進化中嗎？

演化是遺傳變異加上時間的產物，但正如達爾文所證實的，演化還需要經過天擇的過程一適者生存，或者更準確地說，適者繁衍。只要遺傳變異能使物種的繁衍更為成功，就會使生命繼續進化。

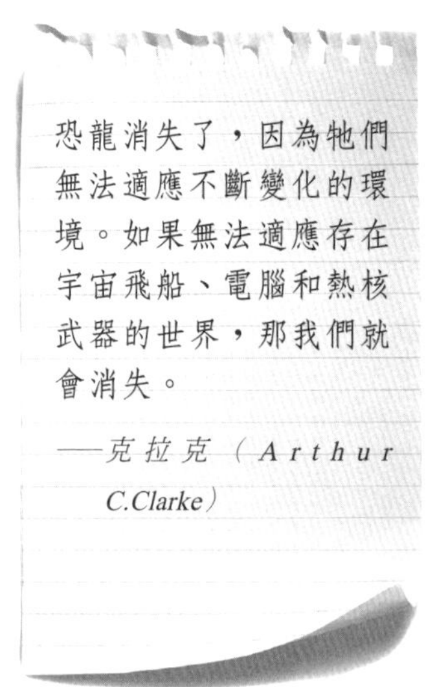

即使外部環境是穩定的，進化仍是一種相對溫和的軍備競賽，可能是同物種間的生殖競爭：一個優勢的雄性能阻止其他雄性繁殖。也可能是來自掠食者的競爭：維持夠低調，夠迅速或夠大，以避免被吃掉。或者也可能由疾病驅動：產生足夠的抵抗力以抵抗疾病，或至少不會因感染而死。

下一次滅絕

然後，遊戲規則忽然變了。像是氣候的忽然改變，小行星撞擊或大型火山爆發。對於不那麼多才多藝的生物，這種變化無法適應，來不及演化就滅絕了。

災難在 6500 萬年前發生並消滅了恐龍。現在，滅絕可能再次開始，但這次大部分是由於人類造成的狩獵

時間線　未來情景，純屬虛構

2025	2030	2042	2048	2050
基因庫中現有 100 萬種基因樣本	已許可用於某些遺傳性疾病的基因治療	大貓熊和孟加拉虎在野外滅絕	渡渡鳥透過複製技術復活	已許可對人類進行基因治療

和棲息地破壞，以及在孤立環境中引入的掠食者。

有許多更新世的史前巨獸已經滅絕，如猛獁象，大角鹿，劍齒虎類（sabertooth），南方巨恐鳥（giant moa）等。而其他物種，如大貓熊、老虎、大象、犀牛和數種鯨魚，正受到生存威脅。這些大型動物的繁殖速度慢，壽命長，使牠們進化緩慢，無法跟上變化。如果沒有人類的額外保護，其中一些物種可能會滅絕。事實上，有幾個物種只能透過圈養繁殖才不至於滅絕。

人類消失以後

如果人類因瘟疫或戰爭而滅絕了，那麼誰將會取代我們的位置？若是幾百萬年前，倒是有幾種中等智能的人種待候選，但目前人類還沒有明顯的繼承者。首先填補人類消失後的空白的，可能是機會主義者，如野草一樣頑強的物種──比如老鼠或蟑螂。但是，這些動物依賴人類文明的垃圾而生，而這些垃圾很快就會消失。黑猩猩或大猩猩似乎並不急於接管，因此烏鴉等社會性鳥類可能會發展智力。或者，就像多細胞動物從原生動物手中接管地球一樣，螞蟻或白蟻的巨大殖民地，或許也能發展成具有智能的超級生物。

拯救物種

實驗室遺傳學和複製技術的進步，提高了保護物種的可能，不是以活體保存，而是以冷凍細胞的形式，以期有一天能解凍培育。即使是近期滅絕的生物也可能用這種方式復活。目前有大量植物保存在種子庫，而科學家都在爭取時間來維持植物的遺傳多樣性，在它們永遠消失以前。但是，一個裝滿細胞的冷凍櫃似乎不足以補償森林或珊瑚礁的損失。如果目前的滅絕速度持續下去，現代的物種滅絕，將跟白堊紀和二疊紀末期的大滅絕一樣嚴重。

2056	2112	2113	2417	3642
第一家基因美化改造新生兒的公司誕生	出血性流感殺死 40% 的人口	全世界老鼠數量是人類的兩倍	發現能進行先進化學訊號溝通的蟻群	巨型灰松鼠首次使用石器的證據

人類進化

但是人類的進化如何？自從七百萬年前，我們的祖先與黑猩猩的祖先分道揚鑣以來，人類似乎已經走過了漫長的歷史。但遺傳上的變化相對較少。最大的差異可能是透過社會化的演化，以及大腦的相關演化。一些更重要的遺傳變化是我們失去的東西，例如濃密的體毛，以及消化生食的能力——由於烹飪的發展。當然，人類也得到了一些演化的進展。在赤道地區，我們開發了皮膚色素，以保護我們的無毛身體免受曬傷。（在高緯度地區，爲了製造足夠的維生素 D，則不得不失去皮膚色素。）我們已經獲得了一種名爲 FOXP2 的基因，它似乎對語言至關重要。我們在抵抗疾病的鬥爭中不斷演化。許多非洲人都有一種稱爲 Duffy 抗原的血液因子基因，可防止一般型的瘧疾。歐洲新石器時代農民的後代保留了消化牛奶的能力，這個基因通常在斷奶後停止作用。

大膽的設計嬰兒

目前爲止，基因科學已經長足發展，我們很容易想像從頭開始設計基因的可能性，以改善原本功能或執行新能力。我們可能很快就可以修正遺傳性疾病——並提高了基因改造人類的可能。目前，技術僅建議用於替代個體中缺陷基因的療法。但原則上這個技術可以改變生殖細胞，（產生卵子或精子的細胞），進而改變下一代。這可能會消滅家族遺傳性疾病，但也可能導致一個爭議極大的「設計嬰兒」的世界。

未來的人類進化

在未來，人類將會演化成怎樣，是難以評估的。今天，我們可以用科技來快速改造環境，使環境直接符合我們的需求，或許可以減少適應環境的壓力。但隨著洲際旅行，國際大都會和異國婚姻的盛行，新的基因組合不斷匯集在一起。只要有孩子在達到生育年齡之前死亡，或是有些人的後代比其他人多，那麼天擇仍然在進行著。

地表上的演化或許將有鉅變。我們已經對農作物、植物甚至動物進行基因工程，以使生產的東西更有用，並且在某些情況下還可用於新的用途，例如研發藥物及生產。對於一些人來說，培養在黑暗中發光的兔子，或含有魚類基因的番茄，會引發嚴重的道德問題，但某些時候，這些技術與精確的作物育種技術相比，其實僅有微小差別。

濃縮想法
天擇還是人工進化？

49 未來大陸

慢慢地，非常慢地，你的地圖已經過時了！大洋繼續擴張與閉合；陸塊正在進行中的洲際華爾茲之間相互碰撞。現有的地圖對於這一代的人類來說都是準確的，但在一百萬年內，大西洋將會變寬 10 公里，而在 2.5 億年後可能完全不存在了。

2.5 億年後的超級盤古大陸，顯示全球的外觀將會如何。大西洋已閉合，非洲向北移動，而印度洋成為內海。

地殼運動已經持續了三十到四十億年。過去失去的海洋板塊沉入地函深處，而漂移板塊之間的碰撞形成了山脈。那麼，未來還會留下什麼？

未來的海洋

非洲地圖上最突出的特徵之一是東非大裂谷。從南部的莫三比克開始，縱貫整個大陸，形成了維多利亞湖和東非的所有大湖，而後向北穿過衣索比亞和厄立垂亞，進入紅海。裂縫仍繼續延伸，穿過死海和約旦河谷，直到黎巴嫩。這區域代表了一個將來的新海洋。

東非大裂谷大部分是一個典型的大陸裂谷：大陸的分裂之處。在這裡，大陸地殼板塊坍塌，在兩側形成一系列巨大的台階。但當我們向北穿過衣索比亞，到達阿法爾窪地（Afar Depresion）時，地貌特徵的變化和裂谷中心的火山活動變得更加頻繁。火山並不是高大的圓錐體山脈，而是噴出玄武岩熔岩的裂

時間線　未來地質簡史

現今	5000 萬年後	1.5 億年後
大西洋緩慢擴張。印度與亞洲相撞。	大西洋開始全面隱沒。非洲向歐洲移動，將地中海抬升成為山脈。洛杉磯往北掠過溫哥華。	大西洋縮小。南極洲與澳洲和婆羅洲相撞。非洲與歐洲的碰撞將不列顛群島推向了北極

縫。這更像是中洋脊地形，不過它存在陸地上。

再往北，在與厄立垂亞交界的達納基爾窪地中，地面海拔僅 100 米。這裡有地球上最嚴酷的環境：白天是灼熱的沙漠，多刺的灌木叢，鋸齒狀的火山岩和武裝的部落成員。中間是爾塔阿雷（Erte Ale）火山，有一個岩漿湖，已經持續流動了一個世紀。它位於大裂谷、紅海和亞丁灣之間的交會處，位於非洲下方地函熱柱的分枝頂部。這地函柱正試圖將這片大陸撕裂，並創造出一片新的海洋。裂痕正在擴大和下沉。或許有一天，非洲之角會與大陸其他地區以海洋所分開。

大自然的智慧，就是採取最經濟的方式，如果地球的某處沒有再產生另一個新大陸，就不會破壞舊有的大陸。

——*赫頓，地球理論，1795 年*

消失的海洋

世界上沒有古代海洋地殼。當海洋岩石圈年齡達約 1.8 億年時，變得冷卻和密實，以至於它別無選擇，只能沉入地函。地中海是侏儸紀巨大的特提斯洋的遺跡，將在五千萬年內消失。最年輕的大洋——大西洋，也不會永遠存在。最終，板塊的某一個邊緣，可能是它與加勒比海和美洲相撞的西部邊緣，將形成一個深槽並在該大陸下隱沒。此後，大西洋將再次開始閉合。

超級盤古大陸

超大陸的未來發展有兩種截然不同的情境，取決於大西洋開始隱沒的時間。在這兩種情境下，大西洋仍可能再擴張 5 千萬年，再延伸 500 公里。如果大西洋的西邊開始潛入美洲之下，則將在接下來的 2 億年內再次閉合，創造出由哥倫比亞大學地質學家史考特斯（Chris Scotese）所命名的超大陸——超級盤古大陸（Pangaea Ultima）。

2.5 億年後

超級盤古大陸。北美及南非洲板塊將整個非洲南部包圍，在加勒比海地區相撞。澳洲／南極洲板塊接近智利。印度洋的殘餘形成內海。

20 億年後

地球的外核冷卻為固體。磁場停止。板塊漂移變緩，並最終停止

未來的山脈

未來，整個美洲東部的海岸城市，如波士頓、里約熱內盧、紐約等都市的遺跡，將會被提升到像安地斯山脈那麼高。與此同時，印度與西藏的碰撞將會減緩乃至停止，但從非洲往歐洲北部的擴張將持續下去，直到把地中海提升成與喜馬拉雅山脈一樣高聳的程度。

威爾遜循環

板塊構造的建構者威爾遜，意識到今天的大陸分布，是由一個超大陸——盤古大陸的分裂所造成的。他還發現超大陸並非第一次形成及分裂，在更長的時間週期中，已經多次形成超大陸並再分裂，每個週期約持續 5 億年或更久。目前的威爾遜循環尚未結束，各大洲將再次聚集在一起，唯一的問題是，大陸將會拼成原本的樣子，還是面目全非？

亞美超大陸

如果大西洋沒有閉合，那麼太平洋就會佔據一席之地，從而產生一個截然不同的大陸拼圖，與盤古大陸完全不同。在這種情境下，北美洲將碰撞東亞，形成亞美超大陸（Amasia，由哈佛地質學家霍夫曼所創造，結合了美國和亞洲）。無論哪種方式，華爾茲仍會繼續跳著。

當地球冷卻

板塊漂移及其相關的火山爆發時，地球就會失去內部熱量，大部分熱量仍然是由放射性衰變和內核緩慢凝固所產生。四十億年前，熱量必然很高，導致地函會不斷地在世界範圍內的火山爆發中攪動，幾乎沒有機會形成穩定的板塊。有證據表明，板塊構造可能從三十億年前才開始。未來，隨著地球的冷卻，將不可避免地放慢板塊漂移的速度。也許二十億年後，地球的核心將凝固，這意味著地球將失去磁場，也許也會造成大陸停止漂移。

濃縮的想法
大陸繼續漂移

50 終焉之時

對於一個布滿精密碳基生命的小小行星而言，宇宙是一個巨大的，不友善的地方。很幸運的，我們能擁有數億年的相對穩定環境，使智慧生命可以在這裡發展，得以研究自己的母星，並為之讚嘆。但美好不能永存。總有一天，我們的世界將會迎向終結。

每年都有許多自然災害——地震，火山爆發，海嘯，颶風等。這些災害對受災地域或影響或許是悲劇性的，但這並不會威脅整個物種或地球。即使在過去，與大規模物種滅絕相關的超級火山或洪流玄武岩的猛烈、長期的噴發，至少也會有一些物種倖存。爲了想像世界末日的樣子，我們需要看遠一點，超越地球的年齡尺度。

世界末日的預言

如果你在 2012 年 12 月 21 日之後閱讀到本書，那麼世界將在那一天結束的預言顯然被誇大了。與所有日曆一樣，古老的馬雅曆法描述了時間週期。瑪雅週期或稱「長週期」比大多數曆法的時間週期都長，持續了 5125 年，在 2012 年的冬至結束。儘管古瑪雅記載並沒有提到那天是世界末日，但已經產生了世界末日的預言和一部壯觀的好萊塢電影（*2012*）。

這些預言都提到地震、海嘯，太陽風暴和行星連線。行星直到 2040 年才會連成一直線，當連線發生時，造成的潮汐效應僅爲月球的百萬分之 64。還有人談到地球將與一個叫做尼比魯（Nibiru）的神秘

時間線　可能的未來地球

5 億年後	8 億年後	9 億年後	10 億年後
開始將火星地球化的改造	在木星和土星的衛星上建立殖民地	第一艘星際太空飛船航向新世界	太陽輻射增加，使海洋沸騰

星球相撞。據說這是蘇美人在西元前 2500 年左右發現的，還說尼比魯星有一個超長的橢圓形軌道，繞行一周需要 3600 年。如果傳說是眞的，那麼蘇美人就需要一台強大的望遠鏡才能看到它，而現代天文學家也會很清楚看到這顆行星。到頭來，這些預言可能只是形容人心的恐懼，而不是眞的描述地球未來的預言！

太陽風暴

太陽活動有一個 11 年的周期，但大多數人都不會因此受到任何損失。目前的太陽活動週期起步較晚，似乎不如正常的活躍。儘管如此，有時太陽確實會向地球發射帶電粒子風暴。這些風暴可摧毀衛星，並導致電力線路的突波，但這離世界末日還有一大段距離。

偏轉世界末日

如果我們發現一顆小行星正朝著地球前進，仍是有可能避開它的。用導彈將小行星炸成碎片不是解方，反而使問題成倍增加，並導致一些有趣的保險理賠。最好的辦法是提前改變小行星的軌道，只需要輕微的推動就行了。用反光塗料塗滿小行星的一面，接下來就讓陽光完成剩下的工作。將火箭發動機，甚至是一個小型的電力推進系統裝在小行星上，都可以產生足夠的推力將其移動到新的軌道。如果所有其他方法都失敗了，那就引爆核彈吧，但不是在小行星上，而是在它附近，能在不破壞它的情況下將其軌道偏移。

轟炸

小行星撞擊構成眞正的潛在威脅。但是我們與恐龍不同，我們擁有強大的望遠鏡和太空計劃。太空守衛（Spaceguard）項目是一系列國際計劃的集合，旨在識別可能接近地球的任何大型物體。到目前爲止，

10.5 億年後
海洋煮沸，水蒸氣產生金星般的溫室效應

36 億年後
銀河系開始與仙女座星系碰撞，增加了小行星撞擊的風險

50 億年後
太陽變成紅巨星。地球變成一塊沒有生命的殘渣

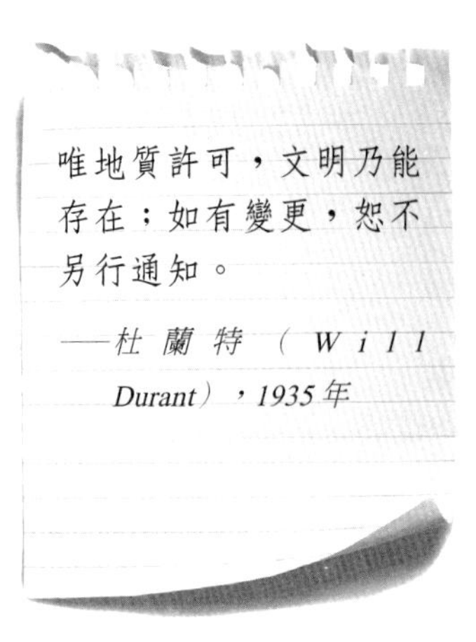

他們已經為1000多個直徑大於200公尺的物體編號，這些物體離我們的距離可能是月球到地球的20倍。2011年11月8日，其中一個叫做YU55的400公尺暗物體，正如預測的那樣，安全地從離地球324,900公里遠的地方通過。第一個被認為構成威脅的，是將在西元2880年接近地球的直徑1公里的物體，但到那時，我們應該有很好的策略來偏轉它（詳見小方框：偏轉世界末日）。

來自宇宙的威脅

來自太陽系之外的威脅更難以預測。太陽大約要2.4億年才能繞銀河系運行一週，在此期間會穿過銀河系的旋臂，可能會激發長週期彗星的數量，並增加轟炸的風險，但過去的大規模滅絕似乎都不是這個原因造成。

另一個風險或許來自附近爆炸的恆星。當比太陽大得多的恆星內部核燃料耗盡時，它們會塌縮而引發超新星爆炸。如果是在我們附近的爆炸，輻射可能會破壞地球的臭氧層，但除此之外幾乎不會有其他損害。更嚴重的或許是附近的極超新星，巨大的恆星爆炸後，中心會直接坍縮成黑洞，並產生強烈的伽馬射線。如果這樣的射線流恰好朝向地球，那最初的爆炸可能會對行星的半球造成嚴重的輻射傷害。隨著地球繼續自轉，地球將像烤架上的雞一樣被放射線烘烤。所幸，這樣的極超新星在我們的銀河系中極為罕見。

地球化改造

人類在月球上建立基地並降落在火星上，只是時間和金錢的問題。最終，想法將轉向殖民化。或許可以把火星變得更像地球。這將涉及釋放大量二氧化碳，可能來自火星極地冰帽或地下儲藏，以加強溫室效應並提高氣溫，使液態水存在於表面上。然後，就像早期的地球一樣，細菌可以開始工作，並最終產生大氣層。這可能需要數百萬年，但會給我們第二個家。

膨脹的太陽

對地球上生命最眞實和最不可避免的威脅，來自我們的太陽。最終，太陽將耗盡核心的核燃料。太陽太小，不能像超新星那樣爆炸，但它將會開始膨脹，並形成一顆紅巨星。龐大的白熾氣體將吞沒水星和金星，可能不會吞掉地球，但它的熱量和從它流出的大量帶電粒子將剝離大氣，並將海洋煮沸蒸乾。我們的家鄉地球將只留下燒焦的殘渣。好消息是，這種情況在四十到五十億年內不會發生。

尋找其他世界

在過去十年，天文學家已經開始探測其他太陽系的存在。到 2011 年底，已有近兩千個行星被編號。大多數是巨大的行星（如木星或更大的行星）拉扯其中心恆星所發現，但是有證據表明，在適合的距離上，有一些類似地球的行星，可能有液態水。有些星球可能已有生命，從細菌到高度文明都有可能。有些行星或許可用於殖民。

但宇宙是一個巨大的空間，除非發明比光速更快的空間驅動引擎，否則我們可能需要好幾千年才能到新家。也許殖民者將在冬眠中運輸。或是好幾代人將在旅途中誕生。又也許我們的後代，將在身體或機器中獲得某種永生。一旦建立起某種方式，人類智慧將不會輕易放棄控制全銀河系的希望。

濃縮想法

伸手摘星星！*

譯註：原文 Reach for the stars，除了如字面上所說「伸手摘星星」之外，也引申為「立下遠大抱負，努力嘗試去完成不易達成之事」的意思。

詞彙

Accretion　吸積　由小顆粒合併成較大顆粒的過程，最終形成行星。

Asthenosphere　軟流圈　是地函中最軟的一層，位於岩石圈下方。雖然大部分是固體，但會隨著地函對流移動，並帶著板塊移動。由於它又熱又軟，地震波以低速穿過。

Basalt　玄武岩　由上地函部分融化產生的細粒、深色的火山熔岩，是最常見的火山岩，構成了大部分的海洋地殼和盾狀火山的外圍。

Continent　大陸板塊　佔地表七分之一，由比海洋地殼更厚，密度更小的岩石組成。

Crust　地殼　覆蓋地球表面的薄薄岩石層，海洋地殼平均厚 7 公里，但大陸地殼厚度可達 20 至 60 公里。

Earthquake　地震　板塊沿斷層移動，有時會發生劇烈的地面震動，地震最常發生在板塊構造的邊界附近。

Epicentre　震央　地震震源投影到地表的位置，地面斷裂的地方。

Erosion　侵蝕　岩石透過物理方式（水、風或冰）或化學方式（二氧化碳溶於水，使水酸化）而磨損的過程。

Fault　斷層　地殼中的裂縫，在地震中，岩層通常沿其相對運動。運動可以是水平的（走滑斷層）或大部分垂直的（傾角滑動斷層）。斷層平面可以與垂直方向有角度，上盤岩層向下錯動的是正斷層，或者在擠壓下，上盤岩層向上錯動的逆斷層。小於 45 度角的逆斷層稱爲逆衝斷層。

Fold　褶皺　由於地殼運動導致的層狀岩石起伏不平。向上拱起的褶皺被稱爲背斜，而凹陷折疊稱爲向斜。在阿爾卑斯山等高變形區域，可能會出現過度摺皺或推覆體。

Fossil　化石　在岩石中保存的史前植物或動物的痕跡。化石可能包含來自原始生物的基質，或者被礦物質替代。痕跡化石包括生命所留下的洞穴和足跡等痕跡。

Fossil fuel　化石燃料　富含碳的燃料，由有機殘骸的分解、埋藏和石化產生。化石燃料包括煤，石油和天然氣，需要數百萬年的時間才能形成，但已經在幾十年內消耗殆盡。

Ga　十億年。

Gondwana　岡瓦納　（前岡瓦納大陸）古代巨大的南方大陸，是約 5.4 億年前的超大陸孑遺，包含今天的南極洲、澳洲、印度、南美洲和非洲。兩億年後將與北方衆大陸合併，形成盤古大陸。

Granite 花崗岩 由大陸深處熔化形成的豐富火成岩。花崗岩可以透過地殼上升形成稱爲岩基的大型圓頂結構。由於內部緩慢冷卻，因此含有長石，石英和雲母的大晶體。

Greenhouse effect 溫室效應 由於水蒸氣，二氧化碳和甲烷等氣體導致的行星表面暖化，這些氣體吸收陽光照射但防止熱量逸出。如果沒有溫室效應，地球將會冰凍，但溫室氣體的增加正在導致過度暖化。

Igneous rocks 火成岩 由熔融岩漿形成。有兩種主要類型：擠出的火成岩，透過裂縫和火山噴發到地球表面，及侵入性的火成岩如花崗岩，在其他岩層下面向上推。

Isotope 同位素 相同元素的原子，但由於其核中具有不同數量的中子而具有不同的原子量。一些同位素具有放射性和衰變，具有衆所周知的半衰期。現代質譜儀可精確測量不同同位素的比例，以用來測定岩石的年代或揭示其形成過程。

ka 千年。

Laurasia 勞亞大陸 盤古大陸的北方。約 2 億年前與南方的岡瓦納大陸分離。包括歐洲，北美和亞洲大部分地區。

Lava 岩漿 岩漿在地球表面噴發。

Lithosphere 岩石圈 一個堅硬而脆弱的區域，包括地殼和地函頂部。它們共同構成了板塊，是大陸漂移的主要參與者。岩石圈並不比沿中洋脊的地殼厚，但較老的海洋岩石圈可厚達 100 公里，大陸之下的岩石圈可厚達 200 多公里。

Ma 百萬年。

Magma 熔岩 通常來自上地函的部分熔融，有時仍留在地下的岩漿庫內，但也可能在地表上噴發，在這種情況下被稱爲熔岩。

Magnetosphere 磁層 由地球的磁場產生並延伸至太空，它將范艾倫輻射帶維持在地球上方，屏蔽了地球使其免受從太陽吹出的帶電粒子流的影響。

Mantle 地函 從地殼之下到地核之上的分層，達 2900 公里，由高密度構形的矽酸鹽岩組成。在上地函和下地函中間 (約 670 公里處) 有一個明顯的邊界，這可能代表組成成分或密度的差異。地函中的對流驅動板塊漂移。

Mantle plume 地函熱柱 一蓬低密度的熱岩石緩緩地從地函中升起。地函熱柱可一直深達核心 / 地函邊界，並代表熱量在地球內部對流的主要路徑。地函熱柱頂部通常有明顯的火山活動。

Metamorphic rocks 變質岩 透過熱或壓力轉化的岩石。它們可從沉積岩和火成岩中形成，從輕微變質的燧石到極度變質的片麻岩都有。

Mid-ocean ridge 中洋脊 沿著海洋中心延伸的山脊系，新的海洋地殼正在此處形成。山脊通常被裂縫一分為二，在裂縫中形成新的地殼。有時山脊被垂直的變換斷層抵消。

Moho 莫氏不連續面 一個獨特的分層，標誌著地殼的底部。雖然下面的地函岩石圈都是同一構造板塊的一部分，但莫霍面因其上下成分差異，故會反射地震波。

El Niño, La Niña 聖嬰現象及反聖嬰 聖嬰現象是一條太平洋溫暖洋流，有時會在聖誕節前後向東流向南美洲海岸，擾亂漁業，給美洲帶來風暴和洪水，但給西太平洋遭遇乾旱。過一段時間後，有時會發現反聖嬰的冷流，帶來完全相反的影響。

Pangaea 盤古大陸 最近的超級大陸，在石炭紀時期大約 3.2 億年前形成。在約 2 億年前再次分裂。2 億年後，各大洲可能再次聚集在一起形成超級盤古大陸。

Plate tectonics 板塊構造 地球岩石圈中的板塊在海底擴張和大陸漂移的過程中相互作用的機制。

Seafloor spreading 海底擴張 新海洋地殼形成的過程，從中洋脊向兩側移動。

Sedimentary rocks 沉積岩 由岩石與其他岩石被物理或化學所侵蝕的素材組成。它們可沉積在陸地或海上，但大多數在海洋，並以分層構築。

Seismic waves 地震波 地球某處的振動可穿過岩石，採取剪力波或壓力波的形式，並且被地球內的不同層所反射或折射，就像光經過透鏡一樣。地震波由地震或人工爆炸產生的，並被地質學家用來勘探石油或探測地球的內部結構。

Subduction 隱沒 古老而冷的海洋岩石圈在海溝或大陸邊緣下沉回地函的過程。這個過程通常伴隨著地震和火山活動。

Tsunami 海嘯 海底地震或山體滑坡造成的大浪。海嘯能夠穿越整個大洋，當接近海岸線和淺水時會形成破壞性的水牆。

Unconformity 不整合 地層與地層之間的邊界，通常是沉積岩，標誌著沉積中斷。有時，在不整合面上方形成新層之前，下方較舊的層將傾斜或折疊並被侵蝕。不整合幫助赫頓了解地質學的深度時間。

Volcano 火山 火山噴出火成岩到地球表面，可能只是一個裂縫，或者會形成一個活躍頂部火山口的高山。有時在火山爆發後，火山頂會逐漸下陷，形成一個圓形的火山臼。

致謝

如果沒有許多人的幫助和耐心，這本書就不會存在。我要感謝許多地質學家多年來一直如此無私地貢獻他們的時間和知識。我要感謝 Bridget Walton 和 Kirsten Dwight 理解我想說的話，即使實情不是如此，而且 Ted Nield 糾正了一些我最糟糕的地質錯誤。最後，我要感謝 Quercus 出版社的編輯，Slav Todorov 和 Amy Visram。任何細小的錯誤都是我的責任。但不要過分擔心事實和數字。這是一本關於想法的書；比我們自身更重要的想法。

原作者於 2012 年 1 月

50 Earth Ideas
The title is first published in English by Quercus Editions Limited
Copyright © 2012 Martin Redfern
This edition arranged with Quercus Editions Limited through The Grayhawk Agency
Traditional Chinese edition copyright:
2022 WU-NAN BOOK INC.
All rights reserved.
Picture credits
All images drawn by Patrick Nugent, except pages 14, 55, 158, 175, 197 by Pikaia Imaging, and page 166 by Jon Hughes and Russell Gooday of Pixel-shack.com.

RE56

50則非知不可的地球科學概念

作　　者　馬丁・雷德馮（Martin Redfern）
譯　　者　荷莉
發 行 人　楊榮川
總 經 理　楊士清
總 編 輯　楊秀麗
主　　編　高至廷
責任編輯　張維文
封面設計　王麗娟
出 版 者　五南圖書出版股份有限公司
地　　址　106台北市大安區和平東路二段339號4樓
電　　話　(02)2705-5066
傳　　真　(02)2706-6100
劃撥帳號　01068953
戶　　名　五南圖書出版股份有限公司
網　　址　https://www.wunan.com.tw
電子郵件　wunan@wunan.com.tw
法律顧問　林勝安律師事務所　林勝安律師
出版日期　2022年1月初版一刷
定　　價　新臺幣330元

※版權所有・欲利用本書內容，必須徵求本公司同意※

國家圖書館出版品預行編目資料

50則非知不可的地球科學概念 / 馬丁・雷德馮(Martin Redfern)著；荷莉譯. -- 初版. -- 臺北市：五南圖書出版股份有限公司, 2022.01
面；　公分
譯自：50 earth ideas.
ISBN 978-626-317-465-8（平裝）

1.地球科學

350　　110021093